Evemarie und Frank Löser

Quitte

Herkunft, Anwendungen und Rezepte

Bildnachweis.

Titelfoto: Dr. Frank Löser
Rücktitelfotos: Manfred Richter, Pixabay
Fotos: Dr. Frank Löser, außer Seiten 6, 26 unten, 104 rechts: Dr. Lutz Gebhardt; Seiten 18, 19: Dr. Friedrich Höhne; Seite 24: Gerd Niemann; Seite 32 oben: BO Cosmetic GmbH; Seite 33: WALA Heilmittel GmbH; Seite 34: LOGOCOS Naturkosmetik AG; 74: Pixabay; Seite 78: Dr. Hannes Grobe (CC-BY-SA 2.5); Seite 101: Oxfordian Kissuth (CC-BY-SA 3.0); Seite 106: Ölmühle Solling GmbH

Impressum

An der Bäderstraße 7c
18311 Ribnitz-Damgarten
Tel.: 03821 / 425514-0
Fax: 03821 / 425514-2
demmler-verlag@vggh.de
www.demmlerverlag.de

Gafische Gestaltung: Mareen Bartels
Satz und Layout: Verlag *grünes herz*
Druck und Verarbeitung: Jelgavas Tipogrāfija, Lettland

3. überarbeitete Auflage 2022
ISBN 978-3-944102-53-5

Evemarie und Frank Löser

Quitte

DEMMLER VERLAG

Inhalt

Zum Geleit

Quitten gelten als Freude und Leid der Zweisamkeit:
Die Blüten, sie duften so wunderbar wie die Liebe,
aber die Früchte besitzen trotz ihrer Süße einen bitteren Beigeschmack.

Seit mehr als 4.000 Jahren ist die Quitte als Obstart im Kaukasus bekannt und die berühmten „Goldenen Äpfel der Hesperiden“ sollen Quitten gewesen sein. Hinweise auf Kulturquitten stammen auch aus Griechenland seit etwa 600 v. Chr. Mit den Römern kam die Quitte nach Mitteleuropa und verbreitete sich bis nach Skandinavien. Die Quitte war wie viele andere alte Obstarten in Vergessenheit geraten; der Trend zur gesunden Lebensweise hat auch diese Powerfrucht wieder in den Focus gerückt. Die Apfel- und Birnenquitte und auch der Zierstrauch Scheinquitte erobern wieder die Gärten.

Quitten sind zwar allgemein bekannt, aber kaum noch Rezepte zur speziellen Verarbeitung in der Küche. Hauptsächlich werden diese Früchte heute zu Gelee, Marmelade oder Saft verarbeitet; an Quittenbrot haben sich einige Quittenfreunde noch erinnert. Aber die Vielfalt der Verwendung für den Speiseplan und die von uns recherchierten alten Rezepte haben auch uns überrascht. Ebenso auch die Verarbeitungsmöglichkeiten der Früchte außerhalb der Küche.

Die Rezepte in diesem Buch – von Smoothies, herzhaften Speisen bis zum Quittenlikör – und die Tipps zur Verarbeitung sollen Sie, verehrte Leser, zum Nachmachen ermutigen.

Wir wünschen Ihnen viel Freude bei der Verarbeitung dieser gesunden Früchte.

Evemarie und Dr. Frank Löser

Geschichte und Herkunft

Namensgeber der Quitte soll Kydonia, die Stadt an der Nordküste Kretas (deshalb auch kretischer Apfel, Apfel aus Kydon genannt) – das heutige Chania (Χανιά) –sein. Das Genzentrum der Quitten wird in Vorderasien vermutet; aber auch West- und Mittelasien und die Krim werden erwähnt. Die Quitte ist u. a. in Afghanistan, im Nordiran, in Syrien und Turkmenistan heimisch. Auch in Armenien wächst sie wild. Erste Nachweise über kultivierte Quitten aus dem Kaukasus reichen 4.000 Jahre zurück, in Griechenland findet man sie ab 600 v. Chr., bei den Römern ab 200 v. Chr. In Mitteleuropa wird sie erst seit dem 9. Jahrhundert angebaut.

Quitten aus kanarischem Anbau

Aus diesen Ursprungsgebieten verbreitete sich die Quitte mit den Handelsstraßen über Kleinasien und Griechenland bis nach Südeuropa und Nordafrika.

Die Quitte ist indirekt Namensgeber für die Marmelade (von portugiesisch *marmelo* für Quitte, aus dem griechischen *melimelon* „Honigapfel“).
Die Quitte gehört also mit zu den ältesten Obstarten.

Die Römer brachten die Quitte nach Mitteleuropa. Von hier breitete sie sich bis Skandinavien aus. In vielen Ländern wächst sie verwildert an sonnigen Hängen, Waldrändern und bevorzugtem kalkhaltigen Untergrund.
Die Römer haben in unseren Breiten die Quitten zuerst als Schutz um neu angelegte Weinanpflanzungen angebaut. Karl der Große (747/748–814) hat in seinem „Capitulare de villis vel curtis imperii“ erstmals einen schriftlichen Nachweis über die Quitte in unseren Breiten erwähnt.

Namensdeutung

Die **Obstquitten** gehören zu den Rosengewächsen. Sie werden zum Kernobst gerechnet. Es gibt neben ihren botanischen Namen für die **Apfelquitte:** *Cydonia oblonga var. maliformis* bzw. **Birnenquitte:** *Cydonia oblonga var. oblonga* auch zahlreiche regional sehr unterschiedliche Bezeichnungen. Dazu gehören: Apfelquitte, Äpfel der Hesperiden (mythologisch), Baumwollapfel, Birnenquitte, Brotquitte, Echte Quitte, Fruchtquitte, Gewöhnliche Quitte, Goldapfel, Honigapfel (griechisch), Kido, Kittenäpfel, Kittenbaum, Kottenbaum, Kötte, Köttenbaum, Kretischer Apfel, Kulturquitte, Kütte, Kütten, Küttenbaum, Schmeckbirne, Quitte, Quittenbaum, Quittenbirne, Quittenstruk, Quittich, Schabebiire, Schabeöpfel, Venusapfel, Wollapfel.

Die **Zier- oder Scheinquitte** *(Chaenomeles speciosa)*, auch als Japanische Zitronenquitte bekannt, gehört ebenso zur Familie der Rosengewächse. Sie wird vor allem als Zierpflanze in Parkanlagen und Gärten verwendet.

Verbreitungsgebiete

Heute ist die Quitte weit verbreitet. Sie wird vor allem in Asien und Europa angepflanzt. Der erwerbsmäßige Anbau in Deutschland ist nicht sehr ausgeprägt. In Baden-Württemberg und im Rheinland werden gute Fruchtqualitäten erzielt.

Sie braucht für ein optimales Gedeihen ein gemäßigtes Klima. Die Quitte wird als widerstandsfähig, krankheitsresistent und anpassungsfähig eingestuft. Sie wächst überall dort gut, wo auch Birnen wachsen, da diese auch wärmeliebend sind.

Biologie

Obstquitten

Apfel- und Birnenquitten werden (im Gegensatz zu den Schein- und Zierquitten; es sind zwei Namen für ein Gehölz) auch unter der Bezeichnung Obstquitten aufgeführt. Sie wachsen strauchartig, werden aber im Obstbau, Haus- und Kleingarten auch als Baum kultiviert angepflanzt. Quitten können als Bäume bis 60 Jahre alt werden. Ein Quittenbaum, den man als „Alte Bambergerin" bezeichnet, steht im Kloster St. Michael in Bamberg. Er wird auf das hohe Alter von 120 Jahren geschätzt.

Birnenquitte

Apfelquitten haben ein zartrosa Fruchtfleisch. Das Fruchtfleisch der Birnenquitten ist deutlich heller, sie sind auch saftreicher und meist milder im Geschmack.

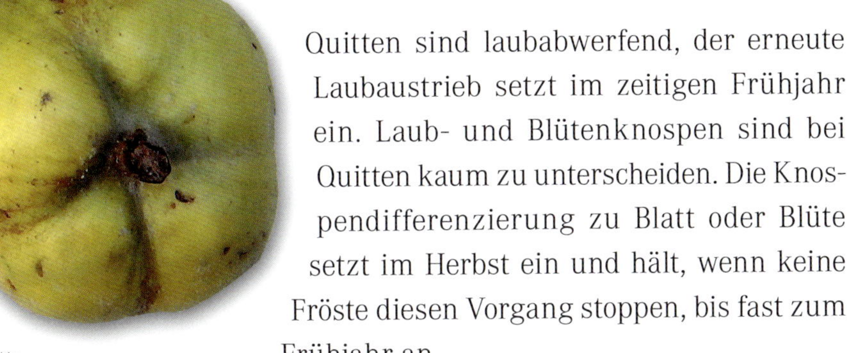

Apfelquitte

Quitten sind laubabwerfend, der erneute Laubaustrieb setzt im zeitigen Frühjahr ein. Laub- und Blütenknospen sind bei Quitten kaum zu unterscheiden. Die Knospendifferenzierung zu Blatt oder Blüte setzt im Herbst ein und hält, wenn keine Fröste diesen Vorgang stoppen, bis fast zum Frühjahr an.

Knospe und Blattansatz

Blattknospe

Erst im späten Frühjahr, kurz vor dem Blühbeginn, werden die Obstquitten geschnitten. Es sollte kein strenger Frost mehr zu erwarten sein.
Im Frühjahr, ab Ende April bis spätestens Anfang Juni, erscheinen nach dem Blattaustrieb die weißen bis hellrosa Blüten, die angenehm duften. Sie haben einen Durchmesser bis 8 cm und sitzen einzeln an den Spitzen der Zweige. Die Blüten sind eine gute Bienenweide; auch Hummeln fliegen sie gern an. Die Kultursorten sind meist selbstbefruchtend.

Quittenblüte – „Zwar bist Du grausam, fliehst vor mir, Doch weih' ich treue Liebe Dir."

Quittenblüte – „Ewig wirst Du in meinem Herzen leben."

Junge Birnenquitte. Der Flaum und der Blütenkelch sind deutlich erkennbar.

Junge Triebe sind zuerst behaart und violett in der Färbung, später sind sie unbehaart und die Farbe wechselt zu bräunlich violett. Die Laubblätter mit Stiel sitzen wechselständig daran. Sie sind nach dem Austrieb beidseitig behaart, später nur noch auf der Blattunterseite. Sie können bis 15 cm lang und bis 10 cm breit werden.

Die jungen Früchte sind zuerst mit Flaum besetzt. Diese Behaarung nimmt mit dem Alter der Frucht ab, ist aber zur Ernte bzw. zum Zeitpunkt der Verarbeitung noch deutlich sichtbar. Mit dem Rückgang des Flaums nimmt die typische gelbe Färbung der Frucht zu.

Die Fruchtform der Quitte als Apfel oder Birne hat keinen Einfluss auf die Inhaltsstoffe.

Flaumbehaarte Birnenquitten

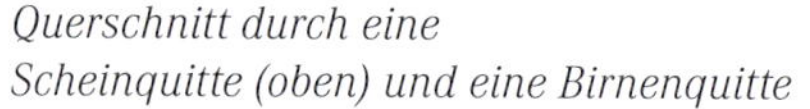

Querschnitt durch eine Scheinquitte (oben) und eine Birnenquitte

Blütenkelch einer Birnenquitte

Die Baumrinde ist grau und leicht korkig; die ältesten Rindenteile werden schuppig abgeworfen.

Wer an der blühenden Edelrose „Sutters Gold" schnuppert, wird es genießen: Diese Rosenblüten verströmen einen quittenartigen Duft, der auch leicht an Zitrone erinnert.

Stamm mit beginnender Borkenbildung, von grünem Flechtenwuchs überdeckt. (zu hohe Luftfeuchtigkeit)

Alter Stamm mit schuppiger Rinde

Scheinquitte

Die Schein- oder Zierquitte wird auch Japanische Quitte *(Chaenomeles-spec.)* genannt. Die drei Arten der Scheinquitte haben ihre Heimat in Ostasien, China, Japan und Korea. Sie wird in Europa bereits ab Ende des 18. Jahrhunderts kultiviert. Zierquitten werden nur als Sträucher angepflanzt, sind industriefest und besitzen viele Dornen.

Scheinquitte, Zierquitte und Japanische Zierquitte sind regional gebräuchliche Namen für das gleiche Gehölz.

Sie gelten als anspruchslos, können bis 3 m hoch werden, sind meist aber deutlich kleiner. Die Sträucher erblühen im zeitigen Frühjahr mit einfachen oder gefüllten Blüten in Weiß, Rosa oder Rot. Sie erscheinen kurz vor oder unmittelbar mit den Blättern. Scheinquitten sind im Gegensatz zu den Obstquitten dornig und wehrhaft. Die Früchte werden etwa bis 8 cm groß, sie duften sehr süß und sollten bis zur Frosteinwirkung verarbeitet werden. Die Hybridzüchtung „Fusion“ erzielt Früchte mit einem Gewicht bis 100 g.

Reicher Blütenflor – eine Augenweide

Auch die Scheinquitten lieben nahrhafte Böden und einen sonnigen Standort. Sie wirken einzeln und auch in Gruppen sehr dekorativ.

Die Früchte der Zierquitte sind um ein vielfaches kleiner als Obstquitten. Sie duften aromatisch und sind sehr hart. Die nicht gleichzeitig reifenden Früchte werden in Intervallen geerntet, weil die kleineren noch deutlichen Zuwachs erbringen. Bis zur Verarbeitung werden die Früchte kühl gelagert. Bei regelmäßigen Kontrollen werden die reifen, fühlbar weicheren Früchte entnommen und verarbeitet.

In Ludwigslust/MV ist ab 2016 ein Feldversuch zum Wildobst im Rahmen der Europäischen Innovationspartnerschaft Landwirtschaft (EIP Agri) gestartet worden. Ziel des Projektes ist es, den professionellen Anbau von Wildobst, darunter die Scheinquitten mit den Sorten u. a. Cido, Pandora und Fusion, von der Kultur im plantagenmäßigen Feldbestand über die Verwertung von dessen wertgebenden Inhaltsstoffen bis hin zur Vermarktung der daraus gewonnenen Produkte zu optimieren. Unter der Leitung der LMS Agrarberatung (Schwerin) stehen die weiteren Projektpartner:

Blütenreste und junge Früchte an einem Zweig der Zierquitte

Reicher Fruchtbehang einer Zierquitte

Samenpakete der Zierquitte

Unsachgemäß gelagerte Zierquitten

Sanddorn Storchennest (Ludwigslust), die Hochschule Neubrandenburg und die Baltic Consulting (Stäbelow). Es werden u. a. die Quittensorten Cido, Pandora und Fusion geprüft.

Sorte „Cido“ in einer Reihenpflanzung im Feldversuch

Kleine Sortenkunde der Obstquitten

Es gibt ca. 200 Sorten Obstquitten. Dazu zählen u. a. folgende Sorten:

Apfelquitte – rundliche, mittelgroße zitronengelbe Früchte; Schale leicht gerippt; bittersüß im Geschmack;
Genussreife: Oktober/November

Wudonia – apfelförmige, mittelgroße flachkugelige gelbe Früchte; filzig behaart, Fruchtfleisch hellgelb, leicht süßsäuerlich;
Genussreife: Oktober/November

Birnenquitte – große birnenförmige ovale, goldgelbe Früchte; leicht filzige Schale; herb-süßes Fruchtfleisch;
Genussreife: Oktober/November

Bereczki Birnenquitte – birnenförmige, große goldgelbe Früchte; zartes mildes bis süßes Fruchtfleisch; mit wenig Flaum bedeckt;
Genussreife: Oktober/November

Konstantinopeler

Konstantinopeler – Früchte groß; Apfel- und auch birnenförmig ausgebildet; robuste Sorte für den Hausgebrauch; etwas säuerlich; mit leichtem Flaum bedeckt; Genussreife: Oktober/November

Portugiesische Birnenquitte – grünlich bis gelbe birnenförmige Früchte; Fruchtfleisch saftig; leicht filzig; Sorte zum Einwecken; Genussreife: bereits im September

Riesenquitte von Leskovac – große apfel- bis birnenförmige goldgelbe aromatische Früchte; Genussreife: Oktober/Dezember

Vranja – große bis sehr große birnenförmige gelbe Früchte; etwas süßsäuerlich; mittlerer Zuckergehalt; Genussreife: Oktober/Dezember

Info: Die Früchte einer speziellen Sorte (Apfel- oder Birnenquitte) am Baum sind selten gleichmäßig ausgeformt. Trotzdem können an der Apfelquitte birnenförmige Früchte auftreten und umgekehrt.

Vranja

Ansprüche, Anzucht und Anbau

Die Quitte erreicht ein durchschnittliches Alter von bis zu 40 Jahren. Sie bevorzugt einen nahrhaften nicht zu trockenen Boden, der durchlässig ist. Ein sonniger bis halbschattiger Standort ist für einen guten Ertrag Voraussetzung. Der Boden sollte nicht zu kalkhaltig sein, sonst reagiert die Quitte mit gelben Blättern. Als Bäume gezogene Quitten können bis zu 8 m hoch werden.

In Anlagen werden Quittenbäume mit einem Abstand von 5 m x 4 m aufgepflanzt. Quitten sind an den Wurzeln frostempfindlich, eine Bodenbedeckung ist deshalb ganzjährig angeraten. Am Holz treten unter -15 °C ebenfalls Frostschäden auf. Die Blüte erfolgt sehr spät, deshalb wird sie durch Fröste kaum gefährdet.

Türkische Shirinquitten haben keinen Flaum.

Der Schnitt der Obstquitte erfolgt nach dem Schema von Apfel oder Birne. Ein Pflanzschnitt sollte

Junge Birnenquitten mit deutlicher Flaumenausbildung

vor dem Pflanzen des Gehölzes erfolgen und von Zeit zu Zeit ein Überwachungsschnitt zur Verjüngung des Fruchtholzes.

Quitten sind als Unterlage für die Veredlung von Kultursorten der Birne gut geeignet.

Überwiegend erfolgt der Anbau von Birnenquitten. Die einzelnen Früchte, besonders der Birnenquitte, können bis zu 1 kg schwer werden. Der Blütenkelch ist meistens bis zur Ernte deutlich zu erkennen. Alle reifen Sorten haben zur Erntezeit eine gelbe bis goldgelbe Färbung. Die heimischen Quitten haben einen sichtbaren weichen Flaum.

Schaderreger

Zu den Krankheiten oder Schaderregern an den Obstquitten gehören Feuerbrand, Kragenfäule und Monilia. Auch Blattbräune, Mehltau und die Obstmade können auftreten.

Feuerbrand *(Erwinia amylovora)* tritt an der Quitte besonders zur Blüte auf. Deshalb sollte ab diesem Zeitpunkt in regelmäßigen Abständen kontrolliert werden. Durch diese Infektion befallenen Blüten und Triebe (braune Blätter) werden bis ins gesunde Holz zurückgeschnitten und entfernt.

Kragenfäule *(Phytophtora cactorum)* tritt zuerst am Stammgrund auf. Die Rinde nimmt ein feuchtes Aussehen an und bricht leicht auseinander. Diese Symptome werden oft nicht erkannt. Auffallender sind sie später auf den Früchten. Die zuerst kleinen Flecken breiten sich über die ganze Frucht aus. Das Fruchtfleisch bleibt aber fest und die typische Fruchtform wird beibehalten.

Monilia *(Monilia fructigena* und *Monilia laxa)*. Die Monilia-Fruchtfäule wird überwiegend durch diese beiden Erreger hervorgerufen und tritt auch an Quitten auf. Bei einer Verletzung der Fruchthaut können die Sporen in die Frucht eindringen, und es entsteht ein brauner faulender Fleck, der sich rasch vergrößert. Die kreisförmig angeordneten Sporenpolster sind deutlich sichtbar. Wenn die gesamte Frucht befallen ist, sind die Sporenlager über die ganze Fruchtoberfläche verteilt.

Kragenfäule an der Quittenfrucht

Wespenfraß und Moniliafäule

Fruchtfäule an einer Birnenquitte

Schorfflecken

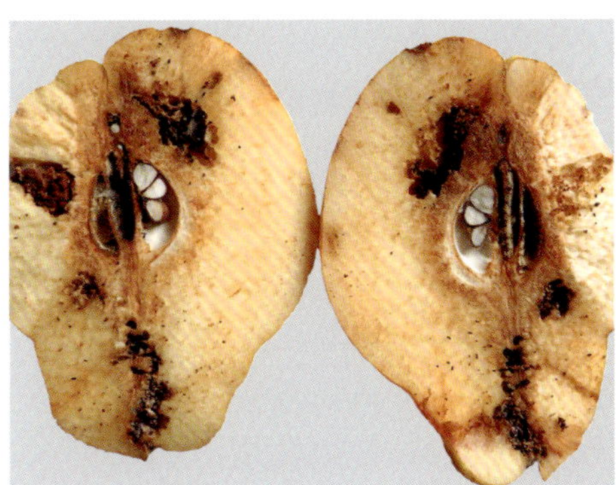

Obstmade mit Fraßgang in einer Quitte

Gesundes Laub mit Fruchtansatz

Ernte und Lagerung

Reife Früchte haben kurz vor der Ernte eine intensive gelbe Farbe und weisen, je nach Sorte, einen Flaumbesatz auf. Diese zarte Behaarung ist ein Schutz vor den Einflüssen der Witterung und zugleich auch gegen Schädlingsbefall.

Quitten sind bei der Ernte noch hart und lassen sich roh nicht so leicht wie andere reife Obstarten verzehren. Die Früchte sind nicht giftig, sondern nur wegen der Festigkeit nicht sofort genießbar. In dünne Scheiben geteilt, kann man sie aber unbedenklich roh essen und das typische Quittenaroma genießen.

Bei den Obstquitten wird, wie auch bei Lageräpfeln, zwischen Ernte- und Genussreife unterschieden. Kurz vor der vollen Reife werden die Früchte sorgsam geerntet. Nach der Ernte sollten die Früchte bis zur Reife noch 6–8 Wochen fachgerecht gelagert werden.

Quittenernte bei Ingrid Niemann aus Plate.

Tipp: Getrennt von anderem Obst lagern, weil dieses sonst den Geruch der Quitte annimmt.

Frisch geerntete Quitten duften angenehm.

Wichtig bei der Ernte ist, dass die Früchte völlig trocken sind und sich leicht vom Trieb lösen. Weitere Kontrolle: Die Kerne im Fruchtinnern müssen braun ausgefärbt sein.

Die typisch quittengelbe Färbung kommt unter dem schützenden Flaum zum Vorschein, welcher bitter schmeckt. Die darunter liegende wachsartige Schale bezeichnet man auch als zweiten Schutzschild für die Frucht. Diese relativ feste und dicke Schale der Obstquitten verhindert ein zu schnelles Welken der Früchte. Diese Fruchtschale enthält ätherisches Öl, das in der Heilmedizin und Kosmetikindustrie verarbeitet wird. Die Härte der Früchte und die Fruchtsüße sind sortentypisch verschieden.

Die so genannte Fleischbräune des Fruchtfleisches ist eine Stoffwechselstörung, die besonders bei schwankender oder auch mangelnder Wasserversorgung entstehen kann.

Quittenfrüchte werden auch bei zu später Ernte schnell innen braun. Auch hier wird von einer Bräunung des Fruchtfleisches gesprochen, die aber keinen Einfluss auf die Verarbeitung hat. Diese Früchte sind normal verwertbar.

Inhaltsstoffe

Mit Gewürznelken besteckt erhält man ein besonderes Quittenaroma.

Die Früchte bestehen bis zu 80 % aus Wasser und weisen einen hohen Gehalt an Ballaststoffen auf. Für 100 g Quitten werden 38 Kalorien angegeben, 0,4 g Eiweiß, 0,3 g Fett und 7,32 g Kohlehydrate.

Quitten enthalten viel Pektin, der Gehalt nimmt aber mit der Reife ab; außerdem auch Amygdalin, Eisen, Fluor, Gerbsäure, Kalium, Kupfer, Mangan, Natrium, organische Säuren, Schleimstoffe, Tannine, Vitamin C und Zink.

Neben dieser Vielzahl von Inhaltsstoffen verströmen sie ein angenehmes Aroma. Es besteht aus ca. 150 flüchtigen Stoffen, die den typischen Quittenduft ausmachen. Schlüsselaromastoffe der Quitte ind (E)-/(Z)-Marmelolacton, α-Farnesen, 2-Methylbuttersäureethylester, Hexanol, 3-Hydroxy-β-ionol und 5,6-Dihydroxy-β-ionon.

Heilwirkungen und Heilanwendungen

Schon die griechischen und römischen Gelehrten berichten in ihren Texten von der heilmedizinischen Wirkung der Quitte und ihre Anwendung bei Krankheiten des Menschen.

Der griechische Arzt Hippokrates von Kos (um 460 v. Chr.–um 370 v. Chr.) zählte die Quitten zu den nützlichsten Früchten, denn sie würden nicht nur ernähren, sondern sie wären auch noch heilkräftig. Er empfahl sie u. a. gegen Durchfall und bei Fieber.

Dioskorides (lebte im 1. Jh. n. Chr) war von ihrer Wirkung bei Magenbeschwerden überzeugt; er verordnete sie auch für Umschläge bei Augenentzündungen.

Plinius (ca. 23–79 n. Chr.) soll 21 Anwendungen mit der Quitte gekannt und empfohlen haben.

Hildegard von Bingen (1098–1179) verwies darauf, dass man Quitten bei „gichtigen Krankheiten“ essen sollte; egal ob gekocht oder gebraten. Sie wurden so zur Rheumaprophylaxe verwendet.

Faule Quitten wurden im Mittelalter von den Heilkundigen als Wundheilmittel genutzt, man legte sie auch als Pflaster direkt auf die Wunden.

Quittenmark ist ein bewährtes Mittel in der Volksmedizin gegen Durchfall und bei allgemeinen Darm- und Magenbeschwerden.

Quitten schälen, klein schneiden und entkernen, mit wenig Wasser weich kochen und danach pürieren. Dieses Quittenmark enthält Fruchtsäuren, Gerbstoffe und Pektine (mehr als Äpfel). Pektine senken den Cholesterinspiegel, normalisieren den Blutzuckerspiegel und sollen Darmkrebs vorbeugen.

Der Einsatz von Quitten in der Tiermedizin ist gering, da in den Zweigen ein hoher Gerbstoffanteil vorhanden ist und die Früchte selbst als unverträglich eingestuft werden. Gegen die Leberfäule der Rinder empfahl man, den Kühen zum St.-Martins-Tag einen Quittenschnitz (geschnitzelte Scheiben) zu verabreichen. Als Nahrung für Hunde gilt Quitte als nicht geeignet.

Besonders wohltuende und heilende Wirkungen haben Tees aus Quitten. Das Fruchtfleisch der Quitten und auch die Schalen kann man trocknen und später für die Zubereitung von Tee verwenden.

Quittentee

1 mittlere Quitte (etwa 250 g)
1,5 l Wasser
2 Gewürznelken
½ Vanilleschote, ausgekratzt
Saft einer halben Zitrone
1 EL Zucker

Quitte mit einem Küchentuch gründlich abreiben, den Flaum entfernen. Frucht waschen, mit der Schale halbieren oder vierteln. Danach mit der Küchenmaschine, mit einem Hobel oder Messer in 2–3 mm dünne Scheiben schneiden. Die Quittenteile, inkl. Kerngehäuse, zusammen mit allen anderen Zutaten in einem Topf zum Kochen bringen. 10 Minuten köcheln lassen bis die Fruchtstücke sehr weich sind, aber noch nicht zerfallen. Dann den Topf vom Herd nehmen, Deckel auflegen und alles mindestens vier Stunden, besser über Nacht, durchziehen lassen. Danach den Sud durch ein feines Sieb oder einen Filter abgießen. Vor dem Servieren wieder erhitzen, in eine Teekanne umfüllen und mit Zuckerstückchen servieren. An frostigen Tagen kann der Tee mit einem Schuss Rum verfeinert werden. Dieser Tee schmeckt aber auch kalt vorzüglich.

Quittenschalensud

Tee aus Quittenschale

Schon in Persien wurde bei Halsentzündungen Tee aus Quittenschalen zubereitet. Dafür die Quitten schälen, die Schalen zerkleinern und kurz aufkochen. Dann den Sud einige Zeit stehen lassen. Über den Tag verteilt trinken.

Rezept für Eilige

Zerkleinerte frische Quittenschalen in ein Teeglas/Tasse füllen, mit kochendem Wasser überbrühen, 6–10 Min. ziehen lassen und danach heiß, schluckweise genießen.

Quittentee mit Rosmarin

5 EL getrocknete Quittenschalen
1 Vanilleschote
1 Rosmarinzweig
1 getrocknete Chilischote
1 l Wasser

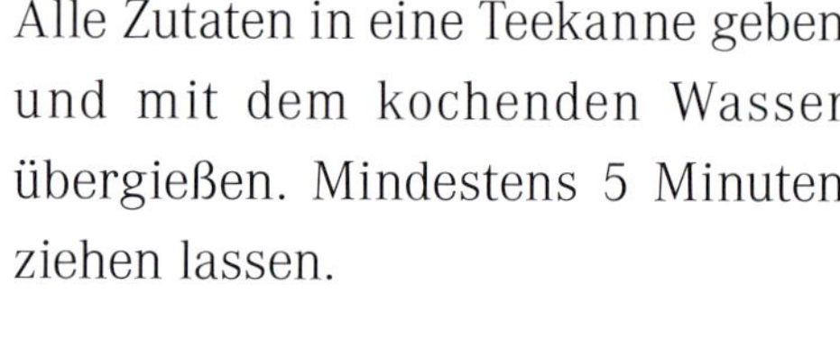

Alle Zutaten in eine Teekanne geben und mit dem kochenden Wasser übergießen. Mindestens 5 Minuten ziehen lassen.

Quittenschalen klein geschnitten für Tee

Tee aus den Blättern von Quitten wird in der Volksheilkunde als Sitz-Dampfbad bei Frauenleiden empfohlen.

In der esoterischen Pflanzenbetrachtung ist die Pflanzenbotschaft der Quitte:
Gehe unbeirrt Deinen Weg!
Genieße die stärkende Kraft!

Quittenkerne

Die Quittenkerne, volkstümlich auch Gewitterkörner genannt, werden in der Volksheilkunde vielseitig eingesetzt. Sie enthalten größere Mengen an Schleimstoffen, die eine gute Wirkung gegen Halsbeschwerden und Husten haben. Die Kerne werden in wenig Wasser eingeweicht und aufgekocht, dabei bildet sich der Quittenschleim, der schluckweise getrunken werden soll. Er kann auch zur Haarkur und bei Hautausschlag angewendet werden. Quittenschleim glättet rissige Haut. Er wirkt bei schmerzenden Augen und kann das Wundliegen verhindern. Stillenden Müttern linderte der Schleim früher auch die Schmerzen bei empfindlichen Brustwarzen.

Heilanwendung

Quittenkerne sollen – so ist es überliefert – vor Unfällen, Verletzungen und weiterem Unheil schützen, wenn man sie im frischen Zustand mit sich führt.

Die gereinigten und getrockneten Kerne wurden einst zu Pulver verrieben und mit Attichkraut/ Zwergholunder *(Sambucus ebulus)* vermengt. Es galt als gutes Mittel mit blutstillender Wirkung.

Quittenkerne mit Schleim

Quittenkerne können auch gelutscht werden. Dadurch entsteht auf der äußeren Kernschicht eine schleimige Substanz, die lindernd bei Bronchitis, Halsschmerzen oder auch Reizhusten wirken soll.
Achtung: Auch eine abführende Wirkung wird beschrieben.

Hinweis: Die bitter schmeckenden Kerne sollten, da sie den Bitterstoff Amygdalin* enthalten, nicht zerkaut werden.

Alte Rezeptur: 1 Teil Quittensamen in 8 Teilen Wasser (auch Rosenwasser wird empfohlen) einweichen. Die gewonnene schleimige Flüssigkeit abfüllen. Sie kann kühl gestellt bis zu 8 Tagen aufbewahrt und verwendet werden.

---

* **Amygdalin** (griechisch *amygdalis* (αμυγδαλίνη), Mandelkern) ist ein cyanogenes Glycosid, das in Gegenwart von Wasser und dem Enzym β-Glucosidase Blausäure (HCN) abspaltet.

Quitten für die Schönheit

In der Kosmetikindustrie wird die Quitte vielfältig genutzt. Es gibt Salben, Cremesorten, Badeöle u. v. a. m. Samen und auch die Blätter von Quitten sind in heilenden Badetees verarbeitet.

Quitten enthalten hautpflegende Substanzen wie Pektin, Schleimstoffe und Wachse. Sie eignen sich daher auch für die Herstellung von Cremes. In der Kosmetik spielt der Schleim noch heute eine Rolle. Er wirkt beruhigend auf gereizte Hautpartien, er ist feuchtigkeitsbindend und kühlend.

Badetee mit Quitte und Mandel

Eine reife Quitte lässt sich gut aushöhlen.

Beruhigende Creme

Eine **beruhigende Creme** für gereizte Haut kann man aber auch selbst herstellen. Hier die Rezeptur:

50 g Quitte
1 TL Quittenkerne
100 ml Wasser
50 g Ghee (geklärte indische Butter/Reformhaus)

Quittenkerne und Wasser in ein Töpfchen füllen und die Quitte hinein raspeln. Zugedeckt ca. 10 Min. köcheln und danach ca. 10 Min. ziehen lassen. Dann durch ein Sieb abseihen. Quittenmasse und Ghee im Mörser gut vermengen. Die Creme kann im Kühlschrank bis 3 Monate aufbewahrt werden.

Quittenhautcreme war auf der Insel Kreta eine weithin gerühmte pflegende Dekolletécreme. Damit wurden die sichtbaren weiblichen Attribute eingerieben – der zusätzliche aphrodisierende Duft wirkt auf Männer verführerisch.

Gesichtscreme Quitte und Körperlotion sind auch heute beliebte Pflegeprodukte.

Pflegende Quitten-Körpermilch und -Tagescreme

Informationen zu einer Quittentagescreme (Auszug):

„... das schützende und zugleich durchlässiges Quittenwachs umhüllt sanft, bewahrt die Feuchtigkeit und schützt die Haut vor Umwelteinflüssen ...“

Frisch geerntete saubere Quittenblätter kann man, wie Gurkenscheiben bzw. Kartoffelscheiben, zur Entspannung auf die Augen legen.

Shampoo Duft & Pflege mit Bioapfel & Quitte

Haarkur

Quitten eignen sich auch für eine Haarkur: 1 EL Quittensamen werden in 250 ml Wasser aufgekocht, anschließend ca. 15 Min. bei geringer Hitze köcheln lassen. Sobald die Masse schleimig wird vom Feuer nehmen, Samen abseihen. Das abgekühlte Quittengel wird in Haar und Kopfhaut einmassiert. Es wird bei dünnem und schnell fettendem Haar, gegen Schuppen und bei entzündungsbereiter Kopfhaut empfohlen.

Quittenöl

Für empfindliche und trockene Haut:

Stücke von Quittenschalen ein bis zwei Wochen in geeignetes Jojobaöl, Olivenöl oder Sesamöl einlegen. Öfter vorsichtig schütteln, damit sich das Wachs und die ätherischen Öle der Schale mit dem anderen Öl verbinden. Das fertige Pflegeöl in geeignete Gefäße abfüllen und bis zum Verbrauch kühl stellen.

Quitten als Duftmittel

Die reifen Früchte duften schon am Baum betörend. Im Mittelalter trugen deshalb lustwandelnde Jünglinge eine Quitte unter dem Gewand. Damit wollten sie bei den Mädchen angenehm auffallen und Mitbewerber ausschalten.

Reife Quitten im Zimmer gelagert, verströmen einen aromatischen Duft, der zum Wohlfühlen beiträgt. Quitten wurden früher auch zwischen Wäschestücke wie Tischtücher, Handtücher und Bettwäsche gelegt.
Zum alt hergebrachten gehörte auch, dass die Hausfrauen in früheren Zeiten gut duftende Quitten in den Wäscheschrank legten. Diese natürliche „Aromatherapie" verlieh der Wäsche und auch dem Schlafzimmer einen angenehmen Duft.

Aber: Es durfte nicht vergessen werden, die Früchte regelmäßig zu kontrollieren. Wenn sie schon in Fäulnis übergegangen waren, hinterließen sie deutlich braune Flecken.

Der Quittenbaum ist ein Symbol für Fruchtbarkeit, für die Liebe, das Leben, für Glück, Klugheit und Unvergänglichkeit.

Quittenkerne können auch bei Räucherzeremonien verwendet werden; allein oder in Räuchermischungen. Ihr würziger und fruchtiger Rauch setzt besondere Duftakzente und besitzt eine aphrodisierende Wirkung. Der Rauch ist entspannend und wirkt harmonisierend auf Geist, Körper und Seele.

Traditionspflege und Brauchtum

Bereits seit dem Altertum gilt die Quitte als heilige Frucht. Sie versprach ihrem Besitzer Gesundheit und Glück. Es wird vermutet, dass die goldenen Äpfel der Hesperiden (die Wärterinnen des heiligen Gartens) Quitten waren.

Quitten galten in mediterranen Regionen als Liebessymbol, und sie waren der Aphrodite geweiht. Die Birnenquitte gilt auch heute noch als Symbol für die weibliche Fruchtbarkeit, weil ihre Form der einer Gebärmutter ähnelt. Es war in Griechenland eine Tradition, dass die Braut in der Hochzeitsnacht eine Quitte mit ins Haus brachte, damit die Ehe glücklich werde. Der Brautvater pflanzte selbst eine Quitte, als Zeichen, dass auch er für dieses junge Glück eintreten werde.

Herbstliche Dekoration mit verschiedenen Quitten

Zum Valentinstag vorgetriebene Blüten der Zierquitte

In England überbrachte man einer Frau nur dann eine Schachtel Quittenkonfekt, wenn man ernste Heiratsabsichten hegte.

Den Göttern gab man Quitten als Opfer.

In früheren Zeiten benutzten Emailleure auch Quittenschleim als Bindemittel. Der klebende Schleim verhinderte das Abspringen von Emailkörnchen oder deren Herausspringen von dem Werkstück beim Brennprozess im Brennofen.

Die Zigeunerinnen in Südungarn verzehrten Quittenstückchen, die mit Blutstropfen eines starken potenten Mannes beträufelt waren, um kräftige Kinder zur Welt zu bringen.
Es galt nach Leonhart Fuchs (1501–1566) der Spruch: *„So die schwangeren Weiber oft Quitten essen, sollen sie sinnreiche und geschickte Kinder gebären."*

Ein Quittenlehrpfad, Teil eines Obstlehrpfades, wurde durch den Gartenbauverein in Gleußen im Dreieck Bamberg–Coburg–Bad Staffelstein mit etwa 30 Quittensorten (im Verlauf der letzten 20 Jahre) neu angelegt. Er wird auch noch laufend erweitert.

Nussschale aus Quittenholz vom Böttcher Hans-Jürgen Meysahn, Göhren (Privatbesitz)

Tipps zur Verarbeitung

Küchenfertig heißt: Jede reife Frucht wird mit einem Tuch gut abgerieben (vom Flaum befreit), gründlich gewaschen und abgetrocknet. Anschließend werden Fruchtstiel und der Blütenansatz entfernt.

Mit einer Brotschneidemaschine kann man reife Quitten gut in Scheiben teilen.

Noch voller Flaumbesatz

Abreiben der Früchte mit einem weichen Tuch

Reife Shirinquitten aus der Türkei, die keinen Flaum auf der Frucht aufweisen, kann man auch roh und ungekocht verarbeiten. Im Geschmack erinnern sie an feste Birnen.

Unsere heimischen Quitten werden kaum roh verarbeitet. Das Fruchtfleisch schmeckt aromatisch und leicht säuerlich. Sie eignen sich wegen ihres hohen Pektingehalts hervorragend zur Herstellung von Gelee und Konfitüre. Quitten können vielfältig verarbeitet werden. Sehr harte Früchte werden unzerteilt in kochendem Wasser bis 10 Min. blanchiert. Danach werden sie geschält, zerteilt und weiter verarbeitet.

Wenn sich das Fruchtfleisch langsam braun verfärbt, dann sollten die Früchte aus dem Lager genommen und verarbeitet werden.
Eine Braunfärbung der frisch geschälten Obstquitten ist ganz normal und vermindert nicht die Qualität. Mit etwas Zitronensaft beträufelt, bleibt die helle Farbe des Fruchtfleisches erhalten.

Pendelschäler, eignet sich bestens zum Schälen.

Shirinquitte schmeckt roh sehr fruchtig.

Nur die kleinen Scheinquitten verfärben sich nach dem Fruchtanschnitt nicht.

Blanchiert und tiefgefroren sind sie bis zu einem Jahr haltbar; rohe Früchte eignen sich nicht zum Einfrieren.

Tipp: Die gekochten Quitten über Nacht im Topf stehen lassen und erst am nächsten Tag abseihen. Klaren Saft erhält man beim Durchseihen durch ein Leinentuch oder ein sehr feines Sieb. Je nach Sorte und Verarbeitung ergibt es hellen oder dunklen Saft.

Smoothies

Heißer Quitten-Met

1 Quitte
1 Apfel
1 Saftorange
100 ml Honig-Met
einige Sternanis
1 Anisplätzchen

Quitte und Apfel mit einem Sparschäler dünn abschälen, vierteln, entkernen. Fruchtviertel in kleine Würfel schneiden. Orange gründlich waschen, abtrocknen, ein großes Stück Schale abschälen, auspressen. Quitten- und Apfelstücke mit Schale und Saft der Orangen aufkochen und bei geringer Hitze ca. 15 Min. weich köcheln lassen. Die gekochte Masse in einen Mixer füllen. Anisplätzchen und den heißen Honig-Met zugeben und alles pürieren. Dann in Gläser füllen, mit feinen Streifen aus Quittenschale und Sternanis garnieren.

Prächtige Früchte

Quittensmothie

100 ml Quittensaft
1 kleine mittelscharfe Paprikaschote
1 kleine Dose Pizzatomaten
4 Stängel Kräuter der Saison
1 TL Olivenöl
¼ TL Salz

Paprika waschen, trocken reiben, zerteilen, Kerne und Stiel entfernen. Mit den Tomaten in den Mixer geben. Saft, Salz und grob gehackte Kräuter zugeben und alles pürieren. Öl untermischen, in Gläser füllen und servieren.

Quittensmothie mit Endiviensalat

½ Shirinquitte
200 ml Wasser
½ Banane
½ Kopf Endiviensalat
½ Orange

Küchenfertige Quitte vierteln, Kerngehäuse entfernen, kleine Stücke schneiden und in den Mixer geben.

Orange schälen und in Scheiben teilen, die Filets aus der weißen Haut lösen, halbieren und in den Mixer geben; halbe Banane in Scheiben dazu. Wurzelansatz von dem Salat großzügig abschneiden. Blätter vom Strunk trennen, gründlich waschen und in den Mixer füllen. Alles mit dem Wasser ca. 60–90 Sek. pürieren. In Gläser verteilt servieren.

Quittensmoothie mit Endivie

Salate, Vorspeisen und Beilagen

Quittensalat mit Rotkohl

2 Quitten
500 g Rotkohl
1 TL Zitronensaft
1 Prise Zimt
Dressing:
3 EL Rotweinessig,
3 EL Rapsöl
2 EL Walnüsse
1 EL Quittenmarmelade
1 TL Senf
1 Prise Nelkenpulver
frisch gemahlener schwarzer Pfeffer
Salz

Küchenfertige Quitten schälen, entkernen und in Würfel schneiden. In wenig Wasser mit dem Zitronensaft und Zimt ca. 15–20 Min. nicht zu weich kochen. Danach abgießen, abtropfen und erkalten lassen. Rotkohl hobeln. Walnüsse grob hacken. Für das Dressing alle Zutaten gut vermengen. Rotkohl, Quitten und Walnüsse in einer Schüssel gut vermischen, Dressing zugeben und nochmals gut verrühren. Bis zum Servieren ca. 60 Min. durchziehen lassen.

Quittenspitzkraut

1 Quitte
500 g Spitzkohl
100 ml Hühnerbrühe
2 TL frischer Dill

Die äußeren Blätter und den Strunk vom Spitzkohl entfernen. Die Blätter in Streifen schneiden. Küchenfer-

2 EL Puderzucker
1 TL mildes Chilipulver
etwas gemahlener Kümmel
Salz

tige Quitte schälen, entkernen und in ca. 1 cm kleine Stücke schneiden. Den Puderzucker in einem größeren Topf bei mittlerer Hitze karamellisieren, die Quittenstücke dazugeben, kurz rundum anbraten. Danach das Spitzkraut zugeben, auch etwas andünsten lassen, die Hühnerbrühe auffüllen und alles ca. 20 Min. bei zugedecktem Topf garen lassen. Das gare Kohlgemüse mit Chilipulver, Kümmel und Salz würzen. Den Dill vor dem Servieren darüberstreuen.

Tipp: Zum Quittenspitzkraut passt Schweinerücken oder deftiger Braten.

Quitten mit Feldsalat

1 hochreife Quitte
100 g Feldsalat
100 ml Apfelsaft
1 EL Zucker
1 Prise Zimt

Dressing:
4 EL Essig
3 EL Brühe
3 EL Rapsöl
1 EL Quittengelee
1 TL Senf
frisch gemahlener schwarzer Pfeffer
je nach Geschmack
Salz

Küchenfertige Quitte schälen, halbieren, entkernen und in kleine Würfel schneiden. Zucker in einer Pfanne erhitzen und darin die Quittenwürfel leicht karamellisieren lassen. Mit Apfelsaft ablöschen, Zimt zugeben, umrühren und auf kleiner Hitze ca. 5 bis 7 Min. nicht zu weich garen. Pfanne vom Herd nehmen und abkühlen lassen. Alle Dressing-Zutaten gut verquirlen. Den küchenfertigen Feldsalat und die Quittenwürfel in einer Schüssel mischen und das Dressing darüber verteilen.

Tipp: Ein Schuss Quittenlikör verfeinert den Salat noch.

Quittengelee an Matjes

2 EL Quittengelee
300 g Matjes in ÖL
1 EL frischer Schnittlauch
1 TL geriebener Meerrettich
1 TL Zitronenschale/Abrieb

Zitrone waschen, trocken tupfen, Schale abreiben. Schnittlauch waschen, ausschwenken, in feine Röllchen schneiden. Matjesfilets unter kaltem Wasser abspülen, trocken tupfen und mit dem Quittengelee bestreichen. Danach die Filets mit dem frisch geriebenen Meerrettich und der Zitronenschale würzen. Vor dem Servieren mit den Schnittlauchröllchen bestreuen.

Tipp: Dazu frisches Vollkornbrot reichen.

Quitten in buntem Gemüse à la Ev

1 Shirinquitte
2 rote Spitzpaprika
1 große Zwiebel
1 Knoblauchzehe
3 EL Öl
frisch gemahlener Pfeffer
Salz
frische Kräuter der Saison
Schmand

Quitten in buntem Gemüse

Quitte vierteln, entkernen und in Spalten schneiden. Paprika waschen, Kerne entfernen, in Ringe schneiden. Geschälte Zwiebel in Ringe schneiden. Knoblauchzehe auslösen und fein pressen, frische Kräuter waschen und grob schneiden. Öl in einer Pfanne erhitzen und alle Zutaten darin gar dünsten, dann mit Pfeffer und Salz abschmecken. Mit frischen Kräutern und etwas Schmand garniert servieren.

Tipp: Schmeckt solo und zu frischem Baguette.

Quitten-Rotkohl

Quittenspalten

2 Quitten
1 kg Rotkohl
300 ml Gemüsebrühe
50 g Butterschmalz
4 EL Quittengelee
3 EL Weißweinessig
2 Nelken
1 Zwiebel
1 Stück Zimtstange
frisch gemahlener schwarzer Pfeffer

Küchenfertige Quitten vierteln, entkernen und in kleine Spalten schneiden. Rotkohl putzen, halbieren, Strunk entfernen und in feine Streifen schneiden. Zwiebel schälen und fein würfeln. Butterschmalz in einem geeigneten Topf erhitzen, die vorbereiteten Zutaten zugeben und alles kurz andünsten. Dann die Brühe, Nelken, Pfeffer, Salz und Zimt zugeben, gut umrühren und mit Deckel bei kleiner Hitze ca. 50 Min. gar köcheln lassen. Ab und zu umrühren, kann sonst anbrennen. Vor dem Servieren Essig und Gelee hineinrühren, abschmecken und bei Bedarf nachwürzen – oder auch noch Quittengelee zugeben.

Tipp: Quitten-Rotkohl am Vortag kochen, schmeckt gut durchzogen besonders lecker.

Dips und Soßen

Quittensoße mit Ingwer

200 g Quitten
300 ml Gemüsebrühe
100 ml Quittensaft
50 ml Sahne
2 Möhren
2 EL Öl
2 EL Zitronensaft
2 TL Speisestärke
1 TL frisch geriebener Ingwer
Currypulver
frisch gemahlener schwarzer Pfeffer
Salz

Quitte schälen, halbieren, entkernen und würfeln. Mit Zitronensaft beträufeln (verfärben sich dann nicht). Möhren schälen und fein würfeln. Öl in einer Pfanne erhitzen und Ingwer, Möhren und Quitten darin kurz dünsten. Gemüsebrühe und Quittensaft zugießen und einköcheln lassen, bis die Quittenwürfel weich sind. Speisestärke in die Sahne einrühren und die Soße damit binden. Mit Curry, Pfeffer und Salz abschmecken.

Tipp: Soße passt gut zu Gegrilltem.

Quitten-Balamico-Vinaigrette

1 EL Quittengelee
1 EL Quittenlikör
2 EL Butter
2 EL Weißweinessig
2 EL Traubenkernöl
2 EL Balsamico

Quitten-Balsamico-Vinaigrette

Balsamico
1 EL gemörserte rosa Beeren *
frisch gemahlener schwarzer Pfeffer

*Die Früchte des Brasilianischen Pfefferbaums sind unter der Bezeichnung „Rosa Pfeffer“ oder „Rosa Beeren“ bekannt.

Alle Zutaten zusammen mit dem Schneebesen gut aufschlagen.
Tipp: Passt zu Feldsalat und auch zu Entenbrust.

Quittenvinaigrette mit Kümmel

2 EL Quittengelee
5 EL Weißweinessig
5 EL Walnussöl
1 EL Senf
1 TL Kümmel
frisch gemahlener schwarzer Pfeffer
Salz

Alle Zutaten gut vermischen, mit Salz und Pfeffer abschmecken.
Tipp: Passt zu Kartoffeln mit Meerrettichkruste und Roter Bete.

Eintöpfe und Suppen

Quittenbouillon

4 hochreife Quitten
5 EL Wasser
4 EL Zucker
4 EL süße Sahne
2 TL grüne Pfefferkörner
200 ml Weißwein
1 Zitrone

Quitten schälen, vierteln und Kerngehäuse entfernen. Zitrone auspressen, den Saft mit Zucker, Wasser und den Quittenstücken im Mixer gut pürieren. Masse mit dem Wein abgedeckt über Nacht stehen lassen. Dann bei schwacher Hitze langsam aufkochen lassen und anschließend durch ein Passiertuch/Sieb geben. Die goldfarbene Quittenbouillon warm stellen. Pfefferkörner abspülen, durch ein feines Sieb passieren und der Sahne zugeben. Dann fast steif schlagen. Bouillon in kleine warme Tassen füllen und vor dem Servieren ein Häubchen Pfeffersahne obenauf setzen.

Quittensuppe mit Grieß

Zutaten:500 g Quitten
1.500 ml Wasser
100 g Zucker
50 g Grieß
1 Stück Zitronenschale

Quitten küchenfertig zubereiten, in grobe Würfel schneiden. Diese mit dem Stück Zitronenschale im Wasser zugedeckt weich kochen. Danach die Masse pürieren, Zucker zugeben und erneut aufkochen. Nun den Grieß einschütten und unter ständigem Rühren ausquellen lassen. Die heiße Suppe mit etwas Butter verfeinert servieren.

Tipp: Mit Kondensmilch oder etwas Zitronensaft verfeinern.

Quitten-Kürbis-Suppe

600 g Hokkaidokürbis
2 Shirinquitten
600 ml Geflügelfond
200 ml trockener Weißwein
200 ml Sahne
20 ml Wermut
5 cm Ingwer
3 EL Olivenöl
2 Stangen Lauch
2 EL Zucker
2 Prisen Zimt
1 TL Kurkuma
1 Prise Kardamom
1 Prise gemahlene Nelken
1 Prise Piment
1 Prise Macis (Muskatblüte)

Kürbis abwaschen, teilen, Kerne entfernen und in Würfel schneiden (der Hokkaidokürbis muss nicht geschält werden). Küchenfertige Quitten teilen, Kerne entfernen und würfeln. Lauch putzen und in Ringe schneiden. Ingwer schälen und in kleine Würfel schneiden. Alles in einen Topf füllen und im Olivenöl nicht zu heiß anschmoren, der Lauch sollte noch keine Farbe annehmen. Dann den Weißwein zugeben und alles ca. 20 Min. sanft köcheln lassen. Danach pürieren, alle Gewürze und Zucker einrühren, den Geflügelfond auffüllen und nochmals 15 Min. köcheln lassen. Sahne zugeben, abschmecken und vor dem Servieren nochmals erwärmen.

Tipp: Mit frischem Baguette servieren.

Pikante Quittensuppe

700 g reife Quitten
1 Knoblauchzehe
1 Chilischote
1 Dose Kokosmilch (400 ml)
2 EL Kokosöl oder Butter
1 TL Curry
1 TL Ingwer
400 ml Wasser
Frische Blättchen von Pfefferminze/Zitronenmelisse etc. zur Deko

Quitten waschen, entkernen und mit Schale in kleine Stücke schneiden. Chilischote entkernen, fein schneiden; Knoblauch fein hacken. Kokosöl im Topf erhitzen, Chili und Knoblauch darin kurz andünsten. Dann die Quittenstücke, Wasser und Kokosmilch dazugeben und auf kleiner Flamme köcheln lassen, bis die Quittenstücke weich sind. Danach pürieren und die Gewürze einrühren. Vor dem Servieren mit frischen Blättchen garnieren.

TIPP: Mit Sahne oder Crème fraîche verfeinern.

Hauptgerichte

Quittengratin mit Bergkäse

500 g Quitten
500 g Kartoffeln
200 ml Sahne
100 g Bergkäse
50 ml Milch
2 EL Rosmarinnadeln
2 EL Thymianblättchen
1 Knoblauchzehe
1 TL Currypulver
frisch gemahlener schwarzer Pfeffer
1 TL Salz

Backofen auf 180 °C vorheizen. Kartoffeln schälen und in Spalten schneiden. Küchenfertige Quitten schälen, vierteln, entkernen und in Spalten schneiden. Gratinform ausfetten und abwechselnd mit Kartoffeln und Quitten auslegen. Knoblauchzehe schälen, hacken und mit dem Currypulver, Milch und Sahne pürieren. Rosmarinnadeln und Thymianblättchen unterrühren, mit Pfeffer und Salz abschmecken und alles über die Kartoffeln/Quitten gießen. Im Backofen ca. 60 Min. bei 180 °C auf der zweiten Schiene von unten garen. Den geriebenen Bergkäse vor dem Servieren obenauf streuen.

Quittenauflauf

1 große Quitte
750 ml Wasser
100 ml Milch
2 Eier
2 EL Zitronensaft
1 altbackenes Weizenbrötchen
1 Vanilleschote, Puderzucker, Zucker

Das Wasser mit 2 EL Zucker und dem Zitronensaft aufkochen. Küchenfertige Quitte vierteln, entkernen und in 1 cm große Würfel schneiden. Stücke ca. 15 Min. im Zuckerwasser garen.

Quittengratin mit Bergkäse und Rosmarin

Eier in ein Mixgefäß aufschlagen. Vanilleschote längs aufschneiden und Mark herauskratzen; Schote zu den Quitten ins Zuckerwasser legen. Milch, Vanillemark und 1 TL Zucker zu den Eiern geben, alles sehr gut mit Schneebesen/Rührgerät verquirlen. Brötchen in kleine Würfel schneiden. Backofen auf 180 °C vorheizen. 2 EL Kochwasser von den Quitten zur Eiermasse hinzugeben und nochmals gut verrühren. Quitten abgießen und etwas ausdampfen lassen, mit den Brötchenwürfeln mischen. Diese Mischung in eine kleine Auflaufform füllen, die Eiermasse darüber verteilen und im Backofen auf der mittleren Schiene ca. 25–30 Min. backen bis der Auflauf eine leichte Bräune zeigt und schön aufgegangen ist. Vor dem Servieren mit Puderzucker leicht überstäuben.

Quittengratin mit Zimt

600 g Quitten
500 ml Apfelsaft
200 g Sahne
90 g Zucker
75 g Weichweizengrieß
3 Eier
½ TL Zimt
1 Msp. Vanillemark
1 Prise Salz

Küchenfertige Quitten schälen, entkernen und in kleine Würfel schneiden. Ca. 10 Min. im Apfelsaft köcheln. Backofen auf 200 °C vorheizen. Quitten abgießen und den Saft auffangen. Saft mit Grieß, Vanillemark und Zimt aufkochen, vom Herd nehmen und quellen lassen. Eier trennen; Eigelbe mit der Sahne verrühren, mit Grießbrei und Quitten vermengen und in eine Auflaufform füllen. Eiweiße mit 1 Prise Salz und Zucker steif schlagen darauf verteilen. Ca. 5–7 Min. überbacken.

Lammragout mit Quitten-Kürbis-Gemüse

2 Quitten
400 ml Wasser
800 g Lammschulter ohne Knochen
600 g Kürbis
4 Knoblauchzehen
2 EL Olivenöl
2 Zwiebeln
2 TL mildes Paprikapulver
2 TL scharfes Paprikapulver
2 TL gemahlener Koriander
2 TL Ras el-Hanout (marokkanische Gewürzmischung)
1 TL Honig
0,1 g Safranfäden
Salz

Safranfäden zwischen den Fingern zerreiben, in dem Wasser einrühren und stehen lassen, bis sich eine kräftige Orangefarbe zeigt. Fleisch waschen, trocken tupfen, von Fett und Sehnen befreien, in 2 cm große Würfel schneiden. Knoblauch und Zwiebeln schälen. Zwiebeln vierteln, in Streifen schneiden und den Knoblauch in dünne Scheiben. Lammfleisch mit Knoblauch, Öl, allen Gewürzen und Zwiebeln in einem Topf gut vermischen, nun salzen. Bei schwacher Hitze zugedeckt ca. 30 Min. schmoren lassen. Danach 200 ml Safranwasser zugießen und weitere ca. 30 Min. garen. Quitten und Kürbis küchenfertig vorbereiten, vierteln, Kerngehäuse herausschneiden und in 2 cm große Würfel zerschneiden. Quitten, Kürbis und restliches Safranwasser zum Fleisch geben, gut umrühren und ca. 25 Min. weiter köcheln. Fleisch sollte danach schön zart sein, Quitten und Kürbis hingegen bissfest. Das Ragout vor dem Servieren mit Honig und Salz abschmecken.

Ras el-Hanout, eine exotische Gewürzmischung

Tipp: Passt zu Couscous und Reis.

Putenbrust mit Quitten-Porree-Gemüse

300 g Putenbrustfilet
50 ml Wasser
1 Quitte
½ Stange Porree
Salz
frisch gemahlener schwarzer Pfeffer
4 EL Butter
4 EL Öl
100 ml Quittensaft
1 TL Quittengelee
2 Knoblauchzehen
6 Wacholderbeeren
2 Thymianzweige

Putenbrust mit Salz und Pfeffer würzen, dann im Öl rundum kräftig anbraten. Nun die geschälten Knoblauchzehen, Wacholderbeeren, gewaschenen Thymianzweige, das Wasser und 50 ml Quittensaft zugeben. Alles etwa 15 Min. gar köcheln lassen. Küchenfertige Quitte teilen, Kerngehäuse entfernen, Würfel schneiden; gewaschenen Porree in 1 cm Stücke schneiden. Beides in der Butter dünsten, bis die Quitten bissfest sind. Zuletzt 50 ml Quittensaft und Gelee hineinrühren, kurz aufkochen. Das Filet in Scheiben schneiden und mit dem Gemüse angerichtet servieren.

Tipp: Passt zu Püree, Baguette

So macht der Einkauf Spaß – Quitten auf einem türkischen Obstmarkt.

Kalbfleisch mit Quitten-Möhren-Gemüse

1 Quitte
100 ml Wasser
400 g Kalbfleisch (Hüfte)
2 EL Honig
2 EL Olivenöl
2 Zwiebeln
2 orange Möhren
1 Urmöhre
1 gelbe Möhre
1 Bio-Zitrone
1 EL geschälter Sesam
1 EL Ras el-Hanout
1 Zimtstange
frischer Koriander
frisch gemahlener schwarzer Pfeffer
Salz

Küchenfertige Quitte schälen, achteln und entkernen. Zwiebeln schälen, fein würfeln. Kalbfleisch abwaschen, trocken tupfen und in grobe Würfel schneiden. Bio-Zitrone halbieren und eine Hälfte auspressen. Zitronensaft mit wenig Wasser, der Zimtstange und der Quitte zum Kochen bringen, ca. 5 Min. köcheln lassen. Dann abgießen und Quitte beiseite stellen, die Zimtstange aufheben. Olivenöl in einem Schmortopf erhitzen, darin die Zwiebeln andünsten, dann Kalbfleischwürfel zugeben. Alles mit der orientalischen Gewürzmischung bestreuen und kurz weiter braten. Danach 100 ml Wasser und die Zimtstange zugeben und zugedeckt ca. 30 Min. leicht köcheln lassen. Alle Möhren schälen, in kleine Stücke schneiden und nach diesen 30 Min. zusammen mit den Quitten, der halben Bio-Zitrone und Honig in den Fleischtopf füllen. Bei Bedarf noch etwas Wasser auffüllen und alles ca. 35 Min. garen

Urmöhre: So wird die Sorte „Purple Haze" gehandelt.

lassen. Vor dem Servieren mit Pfeffer und Salz abschmecken, danach mit Sesam und gezupften Korianderblättchen bestreuen.
Tipp: Dazu frisches Fladenbrot reichen.

Lamm mit Quitten

6 Quitten
2 kg ausgelöste Lammkeule oder Schulter
300 ml Fleischbrühe
150 g Naturjoghurt
12 schwarze Pfefferkörner
8 EL Olivenöl
1 Möhre
1 Stange Porree
1 Bio-Zitrone
1 Zwiebel
1 Knoblauchknolle
1 Lorbeerblatt
1 EL Zucker
1 TL Dijonsenf
Salz

Bio-Zitrone halbieren und auspressen. Joghurt, Pfefferkörner, Senf und Zitronensaft gut verrühren und das Lammfleisch mit dieser Mischung bestreichen. Das Fleisch über Nacht im Kühlschrank marinieren. Anschließend herausnehmen und die Marinade abschaben. 6 EL Olivenöl in einem Topf erhitzen, Fleisch zugeben und bei mittlerer Hitze ca. 8–10 Min. allseitig gut anbräunen. Das Fleisch herausnehmen und beiseite stellen.

Zwiebel und Knoblauchzehen schälen und klein hacken. Möhren putzen, klein hacken; Porree waschen, in feine Ringe schneiden. Alle Quitten küchenfertig zubereiten, entkernen und in Stücke schneiden. Knoblauch, Möhre, Porree, Zwiebel und 1 Quitte in den Bratentopf füllen und ca. 8–10 Min. goldbraun anbraten. 250 ml Fleischbrühe und das Lorbeerblatt auffüllen. Mit Salz würzen, das Fleisch wieder dazugeben und ca. 180 Min. bei geschlossenem Topf auf mittlerer Hitze sanft schmoren, bis es zart ist. Inzwischen 2 EL Öl erhitzen, die restlichen Quitten hineingeben und ca. 5 Min. bei kleiner Hitze anbraten. Mit 50 ml Fleischbrühe ablöschen, Zucker zugeben und ca. 10 Min. bei einmaligem Wenden dünsten. Danach, etwa 30 Min. vor Garende in den Fleischtopf füllen. Das fertig gegarte Lammfleisch dann aus dem Topf nehmen, in Scheiben schneiden, auf einer Wärmeservierplatte arrangieren. Quittengemüse mit der Kelle aus dem Topf nehmen und ringsherum garnieren. Lorbeerblatt aus dem Topf entfernen, die Soße pürieren, mit Salz abschmecken und sofort servieren.

Quitten mit Putenhack

8 Quitten
150 ml Wasser
800 g Putenhack
200 g Sauerrahm
100 g Butter
100 g Zwiebeln
50 g Butterschmalz
50 g Korinthen
8 EL brauner Zucker
8 EL Apfelessig
2 EL Dinkelkernotto
2 Eier
1 TL Zimt
½ TL frisch gemahlener schwarzer Pfeffer
½ TL Piment
Galgant
Salz

Reife Quitten mit einem wollenen Tuch gut abreiben. Am Blütenende eine Scheibe so abschneiden, dass die Frucht steht. Am Stielende einen 3–4 cm hohen Deckel abschneiden. Früchte und Deckel mit dem Kugelausstecher (oder scharfem Löffel) bis auf 1 cm Rand ausschaben. Zwiebeln schälen, fein würfeln und mit dem Dinkelkernotto im heißen Butterschmalz glasig dünsten, etwas abkühlen lassen. Das Putenhack mit dieser Mischung, den Eiern, Korinthen und Sauerrahm gut vermengen. Dabei kräftig mit Pfeffer, Piment, Salz und Zimt würzen.

Die ausgehöhlten Quitten mit 3 EL Zucker bestreuen, die Hackmasse einfüllen und den Deckel obenauf setzen. Die Hälfte des ausgeschabten Quittenfleisches mit dem Apfelessig, 4 EL Zucker und das Wasser in einen großen Schmortopf geben, die gefüllten Quitten hinzusetzen. Zuge-

Gefüllte Quitten mit Putenhack; zuerst kopfüber angebraten

deckt in den kalten Backofen einschieben und auf der zweiten Schiene von unten bei ca. 200 °C ca. 50 Min. garen. Danach die gefüllten Quitten aus dem Topf heben, beiseite stellen. Nun den Schmorsud durch ein Sieb geben, die Flüssigkeit auffangen, dabei das Quittenfleisch gut ausdrücken. Diese Flüssigkeit wieder in den Schmortopf gießen und die gefüllten Quitten erneut hineinsetzen. Mit 30 g weicher Butter bestreichen. Topf abdecken und die Quitten bei ca. 200 °C weitere 20 Min. garen. Quitten herausnehmen, auf eine Platte geben, mit Alufolie abdecken und im abgeschalteten Backofen warm halten. Schmorsud dick einkochen und die restliche Butter und 1 EL Zucker mit dem Schneebesen einrühren; mit Galgant abschmecken. Die gefüllten Quitten anrichten und kurz vor dem Servieren mit der Soße begießen.

Gefüllte Quitten

4 große hochreife Quitten
Zucker
3 EL Walnusskerne
100 g Crème fraîche
3 EL Öl

Füllung:

200 g Hackfleisch
50 g Reis
1 Ei
2 EL Semmelbrösel
3 EL Kräuter
2 EL Rosinen
1 Zwiebel
frisch gemahlener schwarzer Pfeffer
Salz

Quitten küchenfertig zubereiten, halbieren, die Hälften aushöhlen und innen mit etwas Zucker bestreuen. Küchenfertige Kräuter der Saison (Basilikum, Bohnenkraut, Minze, Petersilie, Salbei, Thymian etc.) fein hacken. Reis laut Anleitung bissfest kochen. Zwiebel schälen, fein hacken. Alle Zutaten zur Füllung gut vermengen, mit Salz und Pfeffer abschmecken. Die Quittenhälften damit zu gleichen Teilen füllen. Bratpfanne mit Öl ausstreichen, die Quitten kopfüber hineinsetzen, Nüsse dazwischen streuen und die gefüllten Seiten gut anbraten lassen. Dann die Hälften vorsichtig drehen, etwas Wasser auffüllen und

Gefüllte Quitten, gedreht und fertig gegart.

zugedeckt langsam gar dünsten. Vor dem Servieren den Bratfond mit Crème fraîche verfeinern.

Tipp: Mit Curryreis servieren.

Gefüllte Quitten, vegetarisch

4 hochreife Quitten
200 g gekochter Reis
200 g Schafskäse
3 Tomaten
3 EL Öl
1 TL Curry
1 EL Butter
2 Zwiebeln
2 rote Spitzpaprika
2 Knoblauchzehen
1 Möhre
1 Kartoffel
frisch gemahlener schwarzer Pfeffer
Salz

Knoblauch und Zwiebeln schälen und fein hacken. Tomaten waschen, Stielansätze entfernen, fein würfeln. Paprikaschoten waschen, entkernen, fein würfeln. Kartoffel und Möhre schälen, fein reiben.

Öl in einer Pfanne erhitzen und Zwiebeln darin glasig schmoren. Reis, Knoblauch und restliches Gemüse zugeben und ca. 3 Min. garen lassen. Mit Pfeffer, Curry und Salz abschmecken und etwas einköcheln lassen.

Küchenfertige Quitten halbieren, entkernen und Fruchtfleisch grob herausschaben. Backofen auf ca. 200 °C vorheizen. Gemüsemischung in gleichen Mengen in die Quitten füllen und die Hälften in eine gebutterte Auflaufform setzen. Im Backofen etwa 40 Min. backen. Schafskäse in 8 Scheiben schneiden und ca. 10 Min. vor Ende der Backzeit auf jede halbe Quitte eine Scheibe legen. Goldbraun überbacken lassen, dann servieren.

Ente mit Quitten und Maronen

Entenzubereitung:
2.500 g Ente
500 ml Geflügelfond
5 Schalotten
3 Stängel Majoran
2 Möhren
1 großer Apfel
1 EL Schmalz
1 Lorbeerblatt
1 TL Speisestärke
Salz

Maronenbereitung:
500 g Maronen
ca. 100 ml Wasser
200 ml Geflügelfond
2 EL Zucker
1 EL Butter
1 EL Weißweinessig
Salz

Quittenbereitung:
2 Quitten
300 ml Quittensaft
50 g Butter
4 EL Zucker
2 Lorbeerblätter
frisch gemahlener schwarzer Pfeffer
Salz

Apfel ohne Kerngehäuse und 2 Schalotten in Stücke schneiden und in wenig Schmalz andünsten. Ente innen und außen gut salzen, danach Apfel-Schalotten-Mischung, Lorbeerblätter und Majoran in die Bauchhöhle füllen. Backofen auf 220 °C vorheizen. Die frischen Maronen einritzen und auf einem Backblech ausbreiten. Das Wasser auf diesem Backblech verteilen und in dem vorgeheizten Backofen ca. 25 Min. backen. Maronen aus dem Backofen ziehen und abkühlen lassen. Danach die Schalen und die braune Haut von den Maronen abpellen.

Backofen bleibt angeschaltet. Die Bauchhöhle der Ente mit Küchengarn etc. verschließen. Entenhaut um die Keulen herum mehrmals einstechen (nicht das Fleisch) damit das Fett besser austreten kann. Ente nun mit der Brust nach oben in einen Bräter setzen. 3 Schalotten schälen und halbieren. Möhren putzen und vierteln. Möhren und

Maronen

Goldgelbe Zierquitten

Schalotten um die Ente herum verteilen, 250 ml Fond zugießen. Ente auf unterer Schiene ca. 30 Min. bei ca. 210 °C braten. Nach den 30 Min. restliche 250 ml Fond übergießen und weitere 20 Min. braten. Danach die Ente aus dem Bräter heben und den Fond durch ein Sieb in einen Topf gießen. Ente wieder in den Bräter geben und jetzt bei 180 °C noch ca. 25 Min. braten.

Küchenfertige Quitten längs halbieren. Topf mit Butter ausstreichen, salzen und pfeffern. Quitten mit der Schnittfläche nach unten hineinsetzen, Saft, Lorbeer und Zucker dazugeben. Die Quitten bei mittlerer Hitze darin weich dünsten; einmal wenden bis sie gar sind. Wenn die Flüssigkeit verdampft ist, auf den Schnittflächen braten bis sie krustig sind. Für die gepellten Maronen den Zucker karamellisieren, mit dem Geflügelfond ablöschen. Butter, Essig, Maronen dazugeben, salzen. Alles 15 Min. köcheln lassen, bis die Flüssigkeit verkocht ist und die Maronen glänzen. Zwischendurch öfter umrühren. Den Entenfond etwas reduzieren (bei Wunsch entfetten) und die Sauce mit der angerührten Speisestärke binden.

Knusperbraune Ente aus dem Ofen nehmen, Garn entfernen, vor dem Tranchieren die Füllung entnehmen. Die geteilte Ente heiß mit Quitten, Maronen und Sauce servieren.

Ente mit Quittensoße

3 Entenbrüste (à 300 g)
250 ml Geflügelbrühe
100 g Butter
75 g Schalotten
50 ml Quittenlikör
3 Stängel Salbei
2 EL Zitronensaft
frisch gemahlener schwarzer Pfeffer
Salz

Salbei waschen, trocken schütteln, von 2 Stängeln die Blätter abzupfen, fein schneiden, beiseite stellen. Schalotten schälen, fein würfeln und beiseite stellen. Haut der Entenbrüste kreuzweise einritzen, pfeffern und salzen und mit der Hautseite nach unten in eine Pfanne im austretenden Fett ca. 7 Min. goldbraun braten. Dann die Entenbrüste wenden und im vorgeheizten Backofen auf der untersten Einschubleiste bei 200 °C weitere 10 Min. garen. Danach herausnehmen, etwas ruhen lassen, in Scheiben schneiden und warm beiseite stellen. Zwischenzeitlich die Sauce zubereiten. Schalotten in 10 g Butter andünsten, Geflügelfond, 1 Salbeistängel und Quittenlikör zugeben und auf die Hälfte einköcheln lassen. 90 g kalte Butter in Flöckchen nach und nach unterrühren, bis die Soße etwas andickt. Salbeiblättchen und Zitronensaft zugeben, mit Pfeffer und Salz würzen. Entenbrustscheiben mit Soßenspiegel anrichten und servieren.

Quittenwürfel zum Gulasch geben

Rindergulasch mit Quitten

1 kg Quitten
500 g Rindfleisch
1 große Zwiebel
1 Zehe Knoblauch
50 g Rosinen
4 EL ÖL
1 TL Zimt
1 TL Curry
1 TL Zucker
frisch gemahlener schwarzer Pfeffer
Salz

Zwiebel und Knoblauchzehe schälen und grob würfeln. Quitten küchenfertig zubereiten, schälen, entkernen und in Spalten schneiden. Rindfleisch in Würfel schneiden, im Öl anbraten, Zwiebel und Knoblauch zugeben und zusammen goldbraun braten. Dann etwas Wasser auffüllen und das Fleisch fast weich garen. Danach die Quittenspalten, Rosinen, Zimt, Curry und Zucker hineinrühren und zugedeckt ca. 15 Min. köcheln lassen, bis die Quitten weich, aber nicht zerkocht sind. Vor dem Servieren mit Salz und Pfeffer abschmecken.
Tipp: Mit Reis oder frischem Baguette servieren.

Rindergulasch mit Quitten an Reis

Stremellachs (heiß geräucherter Lachs) mit Quittensauerkraut

300 g Quitten
4 Stücke Stremellachs (à 125 g)
100–200 ml Gemüsebrühe
100 ml Apfelsaft
100 ml saure Sahne
25 g brauner Zucker
3 Pimentkörner
2 EL Butter
1 Zwiebel
1 Dose Weinsauerkraut (850 ml)
1 Lorbeerblatt
1 Prise Zimt
frisch gemahlener schwarzer Pfeffer
Salz

Zwiebel schälen und hacken. Küchenfertige Quitten schälen, halbieren, entkernen und in Würfel schneiden. Quitten und Zwiebel in der Butter glasig dünsten, mit braunem Zucker bestreuen und etwas karamellisieren lassen. Das gut abgetropfte Sauerkraut dazugeben und ca. 4 Min. anschmoren. Apfelsaft und 100 ml Gemüsebrühe auffüllen, Lorbeerblatt und Pimentkörner dazu, mit Pfeffer und Salz würzen. Zugedeckt ca. 20 Min. schmoren lassen, bei Bedarf weitere Gemüsebrühe zugießen.

Backofen vorheizen. Stremellachs darin bei ca. 150 °C ca. 8 Min. lang erwärmen. Saure Sahne mit Pfeffer, Salz und Zimt würzen. Sauerkraut mit dem Stremellachs und einem Häubchen saurer Sahne anrichten.

Tipp:

Passt zu Kartoffelpüree.

Stremellachs mit Quittensauerkraut

Rotkohlrouladen mit Wildfüllung an Quittenrahm

Füllung:
300 g Wildhackfleisch
150 g Schweinehack
100 g Champignons
12 große Rotkohlblätter
4 EL Paniermehl
1 Ei
1 Zwiebel
1 EL Butter
½ TL gerebelten Thymian
frisch gemahlener weißer Pfeffer
Salz

Soße:
3 EL Quittengelee
200 ml Wildfond
150 ml Rotwein
100 ml Sahne
6 Wacholderbeeren
3 Nelken
3 EL Balsamico
1 Lorbeerblatt

Zwiebel schälen und fein hacken, Champignons putzen und fein hacken. Beides in einer Pfanne mit erhitzter Butter unter Rühren ca. 3 Min. dünsten, dann abkühlen lassen. Hackfleisch in eine Schüssel geben, Ei, gedünstete Zutaten, Paniermehl und Thymian zugeben, gut vermengen und mit Pfeffer und Salz würzen. Rotkohlblätter blanchieren, grobe Mittelrippen herausschneiden und 3 Blätter überlappend übereinander legen. Die Hackmasse gleichmäßig darauf verteilen und aufrollen, mit Faden, Klammern etc. umhüllen. Rouladen in einen Bräter legen, Rotwein und Wildfond zugießen und die restlichen grob zerstoßenen Gewürze darüber verteilen.

Die Kohlrouladen mit Alufolie bedecken und im Backofen bei ca. 190 °C ca. 50 Min. garen. Dann herausnehmen und in einer Schüssel warm beiseite stellen.

Den Fond durch ein Sieb in einen Topf gießen, die Sahne zugeben, aufkochen lassen und etwas reduzieren. Die Soße zuletzt mit Balsamico und Quittengelee verfeinern und vor dem Servieren über die Kohlrouladen gießen.

Tipp: Kartoffelpüree, Klöße oder Spätzle sind passende Beilagen.

Geflügelleber mit Quitten an Minzsoße

400 g Quitten
600 g Geflügelleber
250 ml Rotwein
250 ml Geflügelbrühe
100 g Ziegenfrischkäse
150 g Butter
40 g Mehl
2 Stängel Minze
1 Bio-Zitrone
1 EL Honig
frisch gemahlener schwarzer Pfeffer
Salz

Quitten schälen, vierteln und Kerngehäuse entfernen. Zitrone waschen, trocken tupfen, dünn abschälen. 30 g Butter, Honig, Rotwein und Zitronenschale in einem Topf zum Kochen bringen. Quittenviertel darin ca. 20 Min. bei mittlerer Hitze zugedeckt garen. Quitten aus dem Sud heben und warm stellen. Geflügelbrühe in den Sud füllen und sämig einköcheln lassen. Dann 60 g Butter in Flöckchen mit dem Schneebesen unter den Sud schlagen. Soße mit Pfeffer und Salz abschmecken und warm halten. Von der küchenfertigen Minze die Blättchen abzupfen und alle fein hacken. Die gehackte Minze und den Frischkäse in die Soße heben, die Quittenviertel hineinlegen und warm halten. Nun die Leberscheiben pfeffern, im Mehl wälzen und in 60 g Butter beidseitig je 2–3 Min. braten. Leber mit den Quittenvierteln und der Minzsoße anrichten.

Geflügelleber mit Quitten an Minzsoße

Quitten-Kartoffel-Rösti

400 g Quitten
400 g Kartoffeln
1 Bund junger Lauch
200 g geräucherter Tofu
50 g Pinienkerne
50 g Sahne
1 Ei
Öl zum Braten
1 EL Senf
gemahlener Koriander
Kräutersalz
frisch gemahlener schwarzer Pfeffer

Kartoffeln schälen, Quitten halbieren und entkernen. Kartoffeln und Quitten in eine Schale reiben, gut vermischen. Dann Sahne und 1 Ei hineinrühren, mit Koriander, Kräutersalz und Pfeffer würzen. In einer Pfanne mit heißem Öl immer 1 EL Masse beidseitig braten.

Die Pinienkerne ohne Fett in einer Pfanne goldbraun rösten, beiseite stellen. Lauch putzen und in Streifen schneiden, den Tofu in Würfel. Lauch und Tofu kurz in 1 EL Öl andünsten. Mit Kräutersalz, Pfeffer und Senf abschmecken. Pinienkerne einstreuen und das Lauchgemüse zu den Rösti servieren.

Geriebene Quitten und Kartoffeln

Quitten-Kartoffel-Rösti

Quittenragout mit Riesling

500 g Quitten
400 g Rinderhack
200 ml Gemüsebrühe
200 ml trockener Riesling
4 EL frisch gehackte Petersilie
3 EL Rosinen
2 EL Öl
2 Zwiebeln
2 Knoblauchzehen
2 TL Zitronensaft
1 EL Zucker
1 Zimtstange
1 Lorbeerblatt
frisch gemahlener schwarzer Pfeffer
Salz
Sojasoße

Küchenfertige Quitten schälen, halbieren, entkernen, in kleine Würfel schneiden. Knoblauch und Zwiebeln schälen, klein schneiden und im heißen Öl glasig dünsten. Rinderhack hinzugeben und krümelig anbraten, Lorbeerblatt, Petersilie, Rosinen und Zimtstange dazu geben, mit der Gemüsebrühe und dem Wein ablöschen. Nun alles 5 Min. köcheln lassen. Dann die Quitten hineinfüllen, mit Pfeffer, Salz und Sojasoße abschmecken und etwa 10 Min. köcheln lassen, bis die Quittenstücke weich sind. Vor dem Servieren das Lorbeerblatt und die Zimtstange herausnehmen.

Tipp: Passt zu Reis.

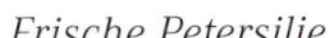

Frische Petersilie

Desserts und Eis

Quitteneis

250 g Quitten
2 Quitten
1.500 ml Wasser
100 ml Sekt
6 EL Quittengelee
3 Blättchen Zitronenmelisse
5 EL Zucker
2 EL Puderzucker
1 EL Zwetschgenwasser
½ Zimtstange
Saft von ½ Zitrone

Küchenfertige Quitten halbieren, entkernen, schälen, würfeln. 250 g abwiegen und mit dem Zimt und 2 EL Zucker in 1.000 ml Wasser ca. 60 Min. kochen. Danach die Masse mit dem Schneidestab fein pürieren. 100 ml Sekt zugeben, umrühren und im Tiefkühlfach fest werden lassen. Mehrmals dabei umrühren. 2 küchenfertige Quitten schälen und halbieren, in 500 ml Wasser mit Zitronensaft und 3 EL Zucker ca. 25 Min. weich kochen. Quittengelee und Zwetschgenwasser verrühren. Den Rand des Serviertellers mit Puderzucker bestreuen, die Quittengeleesoße auf den Teller gießen. Die garen Quittenhälften in Spalten schneiden, Kerngehäuse entfernen. Die Quittenspalten auf dem Soßenspiegel anrichten, das Quitteneis darauf verteilen und mit Zitronenmelisse garniert servieren.

Zimtstangen und gemahlener Zimt

Quittencreme

500 g Quittenmus
250 ml Milch
250 ml Schlagsahne
65 g Zucker
10 g Gelatine
½ Päckchen Puddingpulver

Milch und Puddingpulver zu einem Flammeri kochen, während des Erkaltens mehrmals rühren. Quittenmus und Zucker gut verrühren, Gelatine in wenig Wasser (laut Anleitung) auflösen und beides gründlich in den Pudding rühren. Zuletzt die steif geschlagene Sahne unterziehen und zum Erstarren in eine kalte Schale füllen.

Quitten, gebacken

4 Quitten
450 ml Wasser
500 g Zucker
250 ml Zitronensaft

Küchenfertige Quitten (nicht schälen) halbieren und grob entkernen. Sofort mit dem Zitronensaft begießen, damit

1 Zimtstange
Joghurt nach Bedarf
Rosenwasser zum Beträufeln

das Fruchtfleisch nicht braun wird, sondern hell und appetitlich bleibt. Zimtstange und 375 g Zucker in einen geeigneten Topf füllen und das Wasser zugießen. Flüssigkeit bei großer Hitze zum Kochen bringen, damit sich der Zucker auch gänzlich auflöst. Quitten mit Zitronensaft zugeben und nun bei geringer Hitze ca. 20–25 Min. köcheln lassen, bis die Quitten gabelweich sind. Backofen zwischenzeitlich auf ca. 230 °C vorheizen. Nun die 8 Quittenhälften entnehmen mit der Anschnittseite nach oben in eine Backform setzen, mit dem Kochwasser übergießen, mit restlichem Zucker bestreuen und ca. 7–10 Min. in der offenen Form backen. Wenn der Zucker karamellisiert und die Quitten sehr weich und gebräunt sind, aus dem Ofen nehmen und etwas abkühlen lassen. Dann mit Rosenwasser beträufeln und mit Joghurt servieren.

Blüte einer Japanischen Quitte

Quittenschälchen

500 g Quitten
500 ml Milch
500 ml Wasser
200 g Zucker
1 Ei
1 Zitrone
1 Päckchen Vanillepudding
1 Stich Margarine
rote Konfitüre zum Garnieren

* Stich ist eine kleine Menge, die man mit dem Messer herunterschneidet

Quitten küchenfertig vorbereiten und in kleinere Würfel schneiden. Zitrone waschen, trocken tupfen und ein Stück Schale abschneiden, Saft auspressen. Wasser mit 150 g Zucker aufkochen und die Quitten zugeben, zugedeckt gar kochen. Dann Quitten in Kompottschalen verteilen. Aus Margarine, Milch,

Puddingpulver und restlichem Zucker Pudding kochen und mit Ei und Zitronensaft verfeinern. Den Pudding über die Quitten verteilen und mit roter Konfitüre garnieren.

Gefüllte Quitten

8 Apfelquitten
500 ml Wasser
100 g Zucker
4 EL Orangenkonfitüre
2 EL gehackte Mandeln
2 EL Korinthen
1 EL Stärkemehl

Quitten küchenfertig vorbereiten, schälen und Kerngehäuse mittig ausstechen. Wasser und Zucker siedend aufkochen, die ganzen Quitten hineingeben und zugedeckt gar kochen lassen. Korinthen und Mandeln vermischen. Quitten auf eine Glasplatte setzen und mittig mit dem Korinthen-Mandel-Gemisch füllen. Kochwasser und Konfitüre gut verrühren, mit dem Stärkemehl binden, auskühlen lassen und dann über die Quitten füllen.

Tipp: Soße kann mit einem Schuss Rum verfeinert und die Quitten mit einer Sahnehaube garniert werden.

Quitten, eingelegt

6 Quitten
½ Tasse Wasser
½ Tasse Zitronensaft
¼ Tasse Honig
Zimt

Küchenfertige Quitten halbieren, entkernen und in dünne Scheiben schneiden (dazu kann auch ein „Gemüseschneider“ verwendet werden). Die Scheiben in eine Schüssel schichten und zwischendurch mit Honig bedecken. Wasser und Zitronensaft vermischen und nach Geschmack Zimt dazugeben. Diese Mischung so über die Quittenscheiben füllen, dass sie völlig bedeckt sind. Bis zum Verzehr ca. 12 Stunden im Kühlschrank ziehen lassen.

Quittenschaum

500 g Quitten
250 ml Wasser
100 ml Sahne
1 EL Rohrzucker
¼ TL Galgant
¼ TL Zimt
Quittengelee

Qitten küchenfertig vorbereiten, halbieren, entkernen. Mit Galgant, Wasser, Zimt und Zucker ca. 35 Min. gar kochen und anschließend fein pürieren. Abkühlen lassen. Sahne steif schlagen und unter das Quittenmus heben. Als Verzierung kleine Häufchen von Quittengelee und Sahnetupfer obenauf setzen.

Quittenschnee

8 Eiweiße
100 g Staubzucker
3 EL Quittenmarmelade
Butter

Eiweiße zu sehr festem Schnee schlagen. Quittenmarmelade und Staubzucker verrühren und unter den Eiweißschnee heben. Feuerfeste Platte mit Butter bestreichen, die Schneemasse bergartig darauf dressieren und bei mittlerer Hitze goldgelb backen.

Rumquitten

500 g Quitten
500 ml Wasser
250 g Zucker
65 ml Rum

Quitten küchenfertig vorbereiten und in Stücke schneiden. Im Wasser weich kochen, dann die Früchte entnehmen und in eine Schale füllen. Den Quittensud nun mit dem Zucker aufkochen, mehrmals abschäumen

und dick einkochen lassen. Dann den Rum hineinmischen und den Sud über die Quitten füllen.

Quitten-Weinbrand

3 kg hochreife Quitten
350 ml Weinbrand
350 g Zucker
30 g Bittermandeln
40 g Koriander

Küchenfertige Quitten schälen, reiben und die Masse ca. 24 Stunden kalt stellen. Den Saft durch ein Tuch drücken. Zucker klar kochen und den Quittensaft zugeben. Kräftig aufkochen und dann erkalten lassen. Weinbrand auffüllen, Koriander und Mandeln dazu, nun drei Tage stehen lassen. Zwischendurch mehrmals gut durchschütteln, dann filtrieren und in Flaschen füllen.

Bittermandeln

Flambierte Quitten

4 Quitten
120 ml Rum
3 EL Rohrzucker
3 EL rotes Johannisbeergelee

Quitten küchenfertig zubereiten, schälen, entkernen und in dicke Scheiben schneiden. Quitten in einem Topf eben mit Wasser bedecken und zugedeckt ca. 35 Min. bei mittlerer Hitze kochen. Etwas Wasser abgießen, Zucker zufügen. Weitere ca. 10–15 Min. Garen. Quittenstücke aus dem Sirup nehmen und abkühlen lassen. Quittenscheiben auf einem Teller anrichten, Gelee in die Mitte füllen. Rum in einem Topf erhitzen, anzünden und vorsichtig über die Quitten gießen. Den brennenden Alkohol immer wieder über die Quitten geben und noch brennend servieren.

Zuckerrohrfeld

Quitten mit Weinsoße

4 Quitten
200 ml Wasser
700 ml trockener Weißwein
120 g Zucker
2 Stängel Estragon
1 Vanilleschote

Küchenfertige Quitten schälen, vierteln und entkernen. Vanilleschote längs aufritzen und Mark auskratzen. Estragon waschen, ausschwenken. Quitten in einen Topf geben und alle Zutaten darüber füllen. Ca. 30 Min. bei mäßiger Hitze kochen, dann die Quitten herausheben. Nun die Flüssigkeit um die Hälfte einköcheln lassen. Estragon und Vanilleschote zuletzt herausnehmen und die Quitten mit der Soße servieren.

Quittengelee in Speckdatteln

Mit Quittengelee gefüllte Speckdatteln

2 EL Quittengelee
2 EL Frischkäse
12 Datteln (oder 1 Päckchen entkernte Datteln)
12 Scheiben Frühstücksspeck oder Rohschinken
1 EL Zitronensaft
1 Prise Zimt

Datteln entkernen. Schinken in Streifen schneiden. Quittengelee mit dem Frischkäse, Zimt und Zitronensaft cremig rühren. Die Datteln mit dieser Creme füllen und mit je 1 Scheibe oder Streifen Frühstücksspeck fest umwickeln. Eng in ein Pfännchen legen und rundherum knusprig braun braten. Datteln auf Spieße stecken und anrichten.

Tipp: Datteln nur mit Quittengelee gefüllt – ebenso lecker.

Quitten in Zuckersirup (Türkisches Rezept)

4 Shirinquitten
500 ml Wasser
300 g Zucker
100 g Crème double
3 Nelken
1 Bio-Zitrone

Küchenfertige Quitten schälen, halbieren und entkernen. Blüten und Stiele herausschneiden. Zucker in dem Wasser kräftig aufkochen, der Zucker muss sich völlig auflösen. Zitrone halbieren, auspressen. Den Saft und die Nelken ins Zuckerwasser geben, Quittenhälften hineinlegen und ca. 10 Min. kochen. Danach die halben Quitten in eine Auflaufform setzen und mit dem Zuckersirup begießen. Die Auflaufform muss so hoch sein, dass der Sirup nicht überlaufen kann. Backofen auf ca. 200 °C vorheizen und die Quitten ca. 60 Min. darin backen. Sie sind danach richtig weich und sehen rötlich aus. Nach dem Abkühlen jede Quittenhälfte mit 1 TL Crème double verzieren und servieren.

Kandierte Quitten

1,25 kg Quitten
150 ml Wasser
500 g Zucker

Küchenfertige Quitten halbieren, entkernen und längs in 5 mm breite Scheiben schneiden. Quittenscheiben in einen breiten Topf geben und den Zucker darüber streuen. Nun Abdecken und 60 Min. zum Saftziehen stehen lassen. Dann das Wasser über die Quitten füllen und bei geringer Hitze aufkochen lassen. Deckel auflegen und ca. 120 Min. sachte köcheln lassen. Ab und zu vorsichtig umrühren und die Hitze immer weiter reduzieren, je länger sie kochen. Die Quitten sind am Ende der Garzeit weich und rot gefärbt. Topf vom Herd nehmen und die Quitten ca. 30 Min. im eigenen Saft zugedeckt abkühlen lassen. Dann die Quittenspalten aus dem Sud nehmen, gut abtropfen lassen und nebeneinander auf ein Kuchengitter legen. Die kandierten Quitten über Nacht bei Raumtemperatur trocknen lassen. Nicht abdecken! Die fertig kandierten Quitten sollten in einzelnen Lagen – durch Butterbrotpapier getrennt – gelagert werden.

Kuchen und Brot

Quittentarte

Blätterteig aufrollen und in 3 gleich große Platten teilen. Zwei Platten des Blätterteiges mit jeweils 1 EL weicher Butter bestreichen und mit Mandeln bestreuen. Bestrichene Platten übereinanderlegen, nicht bestrichene obenauf. Danach in Größe der Tarteform ausrollen und bei Bedarf noch passend zurechtschneiden.

Mandelblätterteig:
50 g gehobelte Mandeln
2 EL Butter
1 Packung Blätterteig TK
Quitten:
700 g Quitten
400 ml Weißwein
30 g Zucker
2 EL Zitronensaft
2 Nelken
2 Sternanis
2 Zimtstangen
1 Vanilleschote

Zusatz:
50 g Butter
50 g Zucker
ungesüßte Sahne

Gewürze in einem Topf ohne Fett rösten, bis sie duften. Mit Weißwein und Zitronensaft ablöschen, aufgeschlitzte Vanilleschote zugeben und aufkochen. Topf vom Herd nehmen. Küchenfertige Quitten schälen, entkernen und in kleine Würfel schneiden. Diese Würfel in den Sud geben und ca. 10 Min. köcheln, danach im Sud erkalten und ca. 60 Min. ziehen lassen. Vanilleschote aus dem Sud nehmen, Mark auskratzen und in den Sud geben. Quittenwürfel aus dem Sud nehmen. In der Tarteform 50 g Butter schmelzen und 50 g Zucker darin auflösen. Nur wenig Farbe erkennen lassen. Quittenwürfel darauf verteilen und köcheln lassen, bis sie goldbraun sind. Dann den Blätterteigdeckel darauflegen und etwas andrücken. Gitterform obenauf setzen, damit sich der Teig nicht zu sehr hebt. Bei 200 °C ca. 30 Min. backen. In dieser Zeit den Sud nochmals aufkochen und knapp unter dem Siedepunkt auf die Hälfte reduzieren. Die fertige Tarte auf eine Platte stürzen und mit dem reduzierten Sud und ungesüßter Sahne servieren.

Quittenröllchen

50 g Quittengelee
100 g gehackte Pinienkerne
1 Paket türkische Teigblätter (Yufka)
50 g Butter

Yufka (Teigblätter) einzeln oder 2-lagig auslegen und mit flüssiger Butter bestreichen. Darauf das Quittengelee verteilen und die gehackten Pinienkerne darüber streuen. Jedes Teigblatt aufrollen und wieder mit flüssiger Butter bestreichen. Die Röllchen im Backofen bei ca. 160 °C ca. 25 Min. knusprig backen.

Quittenröllchen, gebacken (rechts einlagig, links doppellagig verarbeitet)

Quittenbaisers

250 g Quittenmus
500 g Zucker
3 Eiweiß
½ Zitrone

Zitrone auspressen. Eiweiß steif schlagen, Zucker langsam zugeben, dann Quittenmus und Zitronensaft unterheben. Masse in der Küchenmaschine ca. 10 Min. rühren. Kuchenblech mit Backpapier auslegen und Baisers darauf spritzen. Bei schwacher Hitze ca. 40 Min. im Ofen trocknen lassen, Wärme abstellen und Baisers über Nacht im Ofen lassen.

Quittenmuffins mit Apfel

6 TL Quittengelee
125 g Halbfettmargarine
125 ml fettarme Milch
120 g Vollkornmehl
120 g Mehl
4 EL brauner Zucker
4 TL gemahlene Mandeln
2 Äpfel
2 EL Zitronensaft
2 TL Backpulver
1 Ei
1 TL Vanillezucker
½ TL Natron

Äpfel waschen, teilen, entkernen, in kleine Würfelchen schneiden und mit dem Zitronensaft beträufeln. Quittengelee mit Ei, Margarine, Milch, Vanillezucker und Zucker schaumig rühren. Backpulver, Mandeln, Mehl, Natron und Vollkornmehl gut vermengen, dann portionsweise in die Eimischung geben und gut miteinander verrühren. Zuletzt die Apfelstückchen unterheben. Den Teig in 12 Muffinförmchen verteilen, im vorgeheizten Backofen bei ca. 175 °C ca. 20–25 Min. backen.

Quittenmuffins mit Mandelkrokant

1 Quitte
280 g Mehl
150 ml Apfelsaft
100 ml Kondensmilch
80 g gehackte Mandeln
80 g Zucker
80 g Butter
3 EL Mandelkrokant
2 EL Quittenbrand
1 Ei
1 EL Backpulver
1 TL Fünf-Gewürz-Pulver

Ein Muffinblech fetten und in den Tiefkühler legen. Küchenfertige Quitte schälen, entkernen, grob raspeln. Raspel mit Backpulver, Mandeln, Mandelkrokant, Mehl und Fünf-Gewürze-Pulver vermengen. In anderer Schüssel Apfelsaft, Ei, Butter, Kondensmilch, Quittenbrand und Zucker gut verquirlen. Dann die trockene Mischung mit einem Holzlöffel nur kurz untermischen, bis alles feucht ist. Muffinblech damit füllen. Im vorgeheizten Backofen bei ca. 180 °C ca. 25 Min. lang backen (Holzstäbchenprobe machen). 5 Min. im Blech auf dem Gitter, das mit einem feuchten Tuch bedeckt ist, stehen lassen. Muffins lösen sich dann gut heraus.

Quitten-Apfel-Hefekuchen à la Ev

2 hochreife Quitten
3 Äpfel
1 Hefeteigrolle auf Backpapier TK
50 g Butter
50 g Zucker
1 Ei
1 EL Mehl
2 EL Rosinen
3 EL Milch
1 Becher Schmand
2 EL ÖL
Zimt

Quitten und Äpfel waschen, vierteln, Kerngehäuse entfernen; mit Schale in feine Spalten schneiden. Backofen auf 180 °C vorheizen. Den Hefeteig laut Anleitung auf ein Blech legen. Die Obstspalten abwechselnd reihenweise darauflegen, dann 2 EL Öl mit Pinsel darüberstreichen. Alle weiteren Zutaten gut verquirlen und über

Quitten-Apfel-Hefekuchen

die Spalten verteilen, zuletzt mit etwas Zimt überpudern. Nun bei 180 °C etwa 20 Min. goldgelb backen.

Quitten-Apfel-Rolle

500 g Quitten
500 g säuerliche Äpfel
300 g Mehl
200 g Butter
120 g Zucker
60 g Puderzucker
60 g Rosinen
3 EL Milch
2 Eigelbe
2 EL Weißwein
2 EL Zitronensaft
1 Prise Salz
1 Eiweiß
½ TL Zimt

Mehl in eine Schüssel sieben. Klein gewürfelte Butter, Eigelb, Milch, Salz und Weißwein zugeben und alles zu einem geschmeidigen Teig verkneten, kugelig formen und ca. 60 Min. im Kühlschrank ruhen lassen. Äpfel und Quitten waschen, schälen, vierteln. Kerngehäuse entfernen und beides in feine Streifen schneiden, dann in eine Schüssel füllen und mit Rosinen, Zimt, Zitronensaft und Zucker gut vermengen; ca. 30 Min. ziehen lassen. Backofen auf ca. 180 °C vorheizen. Teig zu einem 40 cm x 25 cm großen Rechteck ausrollen, Seitenränder gerade schneiden. Füllung mittig auf den Teig geben und gleichmäßig längs verteilen. Die Seiten des Teiges dann nacheinander über die Füllung klappen, mit der Hälfte des Eiweißes bestreichen und leicht andrücken.

Je herbstlicher es wird, umso farbenfroher werden die Quitten.

Die schmalen Endstücke ebenso fixieren. Aus den Teigresten kleine Formen ausstechen, die Rolle damit verzieren und mit dem restlichen Eiweiß bestreichen. Backblech mit Backpapier auslegen, Quittenrolle darauf legen und ca. 15 Min. bei ca. 180 °C backen; dann auf 160 °C reduzieren und weiter ca. 25 Min. fertig backen.

Quittenbrot I

500 g Quitte, gerieben
500 g Zucker

---

* Regional auch Quittenkonfekt, Quittenspeck, Quittenkäse oder Quittenleder und in den spanischspachigen Ländern „Dulce de membrillo" genannt, eine traditionelle Weihnachtssüßigkeit.

Küchenfertige ganze Quitten mit Schale in Wasser weichkochen, dann schälen und bis auf das Kerngehäuse abreiben. Zucker in einen größeren Topf füllen und mit wenig Wasser bedeckt bei kleiner Hitze zergehen lassen, Abschäumen bis er klar ist. Geriebene Quitte, ein wenig Zimt und etwas abgeriebene Zitronenschale unterrühren, unter ständigem Umrühren so lange köcheln, bis die Flüssigkeit fast verdunstet ist. Die braune musähnliche Quittenmasse auf ein mit Backpapier belegtes Backblech streichen und in der vorgeheizten, jetzt abkühlenden etwas offenen Backröhre trocknen. Nach 2 Std. entnehmen und auf dem Blech so lange weiter trocknen lassen, bis das Quittenbrot schnittfest ist.

Quittenbrot II

1,5 kg Quitten
500 g Rohrzucker
150 g gehackte Mandeln
1 TL Galgant
1 TL Zimt

Quitten küchenfertig zubereiten, vierteln und reiben. Quittenraspel und Zucker in einem Topf mischen, öfter rührend zum Kochen bringen. So lange kochen und rühren, bis die Flüssigkeit verdunstet ist. Mandeln und Zimt kurz vor Ende der Garzeit (dicker Brei) hineinfüllen.

Tipp: Konsistenz von Quittenmus sollte dickem Apfelmus gleichen.

Das Quittenmus auf ein Backblech, das mit Backpapier ausgelegt wurde, streichen. Im Backofen bei ca. 50 °C und leicht geöffneter Tür etwa 3 Std. trocknen lassen, dann herausnehmen und die Oberseite mit Galgant bestreuen. Nach dem Abkühlen auf ein mit Backpapier belegtes Gitter/Brett etc. stürzen und auch die Unterseite mit ½ TL Galgant bestreuen. An einem luftigen Ort völlig trocknen lassen. Kann – je nach Umfeld, Witterung etc. – mehrere Tage dauern. Das fertige Quittenbrot wird in kleine Teilchen zerschnitten serviert.

Längere Lagerung:
Stücke in Zucker wenden und in einer Blechdose aufbewahren.

Überraschung: Nach wochenlanger offener Lagerung (in der Speisekammer vergessen) wurde aus dem Quittenkonfekt hartes „Quittenkrokant“.

Selbst gemachtes Quittenbrot

„Quittenkäse“, eine leckere Süßspeise

1 kg Quitten
350 g Zucker
1 Handvoll gehackte Mandeln
1 Handvoll gehackte Walnüsse
Puderzucker
Öl
frische Schale von 1 Bio-Zitrone und 1 kleinen Bio-Apfelsine

Quitten waschen, schälen, vierteln, Kerngehäuse entfernen, in wenig Wasser dünsten und anschließend durch den Wolf drehen. Apfelsine und Zitrone waschen, trocken tupfen, schälen. Die Schalen in feine Streifen schneiden. Das Quittenmark im Topf bei mäßiger Hitze andicken und dabei langsam Zucker, Mandeln, Nüsse und Schalenstreifen hineinrühren. Danach das angedickte Mark in eine geeignete Form, die vorher mit Öl ausgestrichen und Puderzucker bestreut wurde, einfüllen. Darin das Mark fest werden lassen. Den festen Quittenkäse dann aus der Form lösen und in Alufolie einwickeln. Kühl gelagert, ist er mehrere Monate haltbar.

Tipp: So genannte Quittenwürstchen entstehen, wenn das Quittenmark in dünne Wurstdärme gefüllt und fingerlang abgeschnürt wird. In der Nähe vom Ofen hängend trocknen lassen.

Quittenkuchen

1,5 kg Quitten
250 ml Wasser
150 g Zucker
125 ml süßer Weißwein
2 EL Dinkelmehl
1 TL Galgant
geriebene Mandeln
Mürbeteig:
500 g Dinkelmehl

Gewaschene Quitten vierteln, Kerngehäuse entfernen und kleinschneiden. Mit Wasser und Wein unter Rühren weich kochen. Masse durch ein Sieb/Flotte Lotte streichen, danach zuckern, etwas geriebene Mandeln, Galgant und Mehl

250 g Butter
100 g Rohrzucker
3 TL Weinsteinbackpulver
1 Prise Salz
Vanillepulver
Zum Bestreichen:
1 Ei
1 EL Milch

zugeben, abkühlen lassen. Alle Zutaten für den Mürbeteig gut zusammenkneten. Vom Ei zum Bestreichen des Kuchens kann das Eiweiß mit verarbeitet werden. Eine Springform einfetten und mit der Hälfte des Teiges auslegen, einen 2,5 cm hohen Rand herausformen. Boden mehrmals mit einer Gabel einstechen. Die Quittenmasse darauf füllen und glatt streichen. Den restlichen Teig zu einer Platte ausrollen und obenauf legen. Die Ränder gut zusammendrücken. Eigelb und Milch verschlagen und obenauf streichen, die Oberfläche mehrmals mit einer Gabel einstechen. Nun im vorgeheizten Backofen bei ca. 180 °C ca. 35–45 Min. auf mittlerer Schiene backen.

Galgant

Allensbacher Quittenkuchen

3 Quitten
350 g Dinkelmehl
200 g Butter
150 g brauner Zucker
4 Eier

Eier trennen, Äpfel und Quitten waschen, teilen, entkernen und raspeln. Die weiche Butter, Eigelbe und Zucker mit dem Schneebe-

3 Äpfel
1 Päckchen Backpulver

sen schaumig rühren; Backpulver und Dinkelmehl dazugeben und gut durchkneten. Nun Äpfel- und Quittenraspel hineinmengen. Die Eiweiße sehr steif schlagen und zuletzt unter den Teigheben. Masse auf eingefettetes Backblech verteilen und im vorgeheizten Backofen bei 180 °C ca. 35–40 Min. backen.

Quittenkuchen mit Walnuss

500 g Quitten
250 g Mehl
150 g Walnüsse
125 ml Milch
100 g Zucker
2 EL Rum
50 g Rosinen
3 EL Butter
2 Eier
1 Zitrone
1 Päckchen Vanillezucker
1 Päckchen Trockenhefe
1 EL Mandelblättchen
1 TL Zimt
1 Prise Salz

Küchenfertige Quitten schälen, vierteln, entkernen und in kleine Stücke schneiden. Sofort mit Zitronensaft beträufeln. Quitten in einem Topf mit wenig Wasser ca. 10 Min. dünsten, in ein Sieb geben und abtropfen lassen. Aus Hefe, Mehl, lauwarmer Milch, Salz, Vanillezucker und Zucker einen Hefeteig kneten. Ein Ei unterheben. Ca. 60 Min. an einem warmen Ort (keine Zugluft) gehen lassen. Rosinen heiß überbrühen, gut abtropfen lassen und im Rum einweichen. Backofen auf 175 °C vorheizen. Teig nochmals durchkneten und dabei mit den Gewürzen, Nüssen, Rosinen und Quitten gut vermengen. Eine Kastenform ausbuttern und den

Walnüsse

Herbstliches Arrangement mit Quitten

Teig hineingeben. Etwas Butter zerlassen und damit den Teig bestreichen, mit Mandelblättchen belegen. Kuchen im Backofen ca. 50 Min. backen.

Quittentorte

250 g Mehl
200 g Butter
80 g Zucker
2 Eier
2 EL Milch
1 Bio-Zitrone
1 Prise Salz
Butter für die Springform

Belag:
1 kg Quitten
750 ml Wasser
250 g Zucker
2 EL Zitronatwürfel

Guss:
100 g Zucker
4 Eier
100 g gemahlene Mandeln
2 EL Zitronensaft

Zum Bestreichen:
50 g Butter
4 EL Mandeln
2 EL Zucker

Bio-Zitrone waschen, trocken tupfen, Schale abreiben. Mehl in eine Schüssel sieben, mittig eine Mulde formen, Butter in Flöckchen, Salz, Zitronenschale und Zucker auf den Mehlrand geben. Eier verquirlen und in die Mulde gießen, dann die Zutaten von der Mitte her vermengen und zu einem glatten Teig kneten. Ca. 30 Min. kaltstellen. Quitten waschen, schälen, vierteln, Kerngehäuse entfernen. Quittenstücke in Wasser ca. 20 Min. köcheln. Dann in ein Sieb gießen und den Saft auffangen. Nun die Quittenstücke in kleine Würfel schneiden. 250 ml Quittenwasser mit dem Zucker aufkochen, Quitten- und Zitronatwürfel zugeben und ca. 20 Min. lang einköcheln lassen, bis eine geleeartige Masse entstanden ist. Abkühlen, Teig ausrollen und in der ausgebutterten Springform auslegen und mehrmals mit einer Gabel einstechen. Rest des Teiges zu einer dünnen Rolle formen. Die Teigplatte am Rand mit Milch einstreichen und die Rolle darauf auslegen. 5 EL von der Quittenmasse beiseite stellen, restliche auf dem Teigboden glatt streichen. Eier und Zucker für den Guss schaumig rühren, die 5 EL Quittenmasse und den Zitronensaft unterheben. Den Guss auf der Oberfläche der Torte gleichmäßig verteilen. Im vorgeheizten Backofen bei ca. 200 °C ca. 45 Min. backen. Zuletzt mit der zerlassenen Butter bestreichen, gemahlene Mandeln und Zucker oben auf streuen.

Quittensterne

250 g Vollkornweizenmehl
70 g Zucker
25 g Butter
2 Eigelbe
1 Bio-Orange
Verzierung:
200 g Quittengelee
50 g Puderzucker

Orange waschen, trocken reiben, von einer Hälfte die Schale abreiben. Abrieb mit allen Teigzutaten zu einem glatten Teig verkneten und ca. 60 Min. an einem kühlen Ort ruhen lassen. Teig portionieren und 3–4 mm dick ausrollen. Einige Minuten nochmals kühl stellen. Dann Sterne von ca. 6 cm Durchmesser ausstechen. Aus der einen Hälfte der Sterne die Mitte rund ausstechen. Diese Sterne mit Loch auf die Sterne ohne setzen und auf ein Backblech legen. In das obere Loch wird jetzt etwas Quittengelee gefüllt. Die Sterne im vorgeheizten Backofen bei ca. 200 °C ca. 8–10 Min. backen. Nach dem Abkühlen mit Puderzucker bestäuben.

Marmelade, Gelee und Konfitüre*

Quittenmarmelade I

1,5 kg Quitten
250 ml Wasser
1,5 kg Gelierzucker 1:1
4 TL Zitronensäure

Quitten küchenfertig zubereiten, achteln, Blütenansätze, Stielenden und Kerngehäuse entfernen. Quitten im Wasser ca. 30 Min. kochen, dann alles durch ein Sieb streichen und zurück in den Topf füllen. Weitere 10 Min. kochen, dabei das Umrühren nicht vergessen. Zitronensäure und Zucker zugeben, gut hineinrühren und weitere 10 Min. rührend kochen lassen. Marmelade nach der Gelierprobe in Gläser füllen, fest verschließen und kopfüber zum Abkühlen aufstellen.

---

* Manch einer mag/darf keinen Zucker verwenden und möchte deshalb Honig benutzen. Die Honigmenge sollte etwas geringer als die genannte Zuckermenge berechnet werden: 200 g Zucker = 175 g Honig

Quittenmarmelade II

1 kg Quitten
250 ml Wasser
1,25 kg Zucker
1 Päckchen Gelierpulver/Gelfix

Quitten waschen, schälen, entkernen und in kleine Stücke schneiden. 1.000 g abwiegen und zugedeckt mit dem Wasser zum Kochen bringen, ca. 20 Min. kochen lassen. Diesen Fruchtbrei in einen größeren Topf füllen. Gelfix unterrühren, bei starker Hitze wieder zum Kochen bringen und wenn es sprudelnd kocht, den Zucker hineinfüllen. Kräftig umrühren und jetzt mindestens 1 Min. sprudelnd kochen lassen. Nach der Gelierprobe die Marmelade heiß in Gläser füllen, fest verschließen und kopfüber zum Abkühlen aufstellen.

Quitten-Apfel-Marmelade

500 g Quittenstücke
200 g Apfelstücke
400 ml Apfelsaft
500 g Gelierzucker 2:1

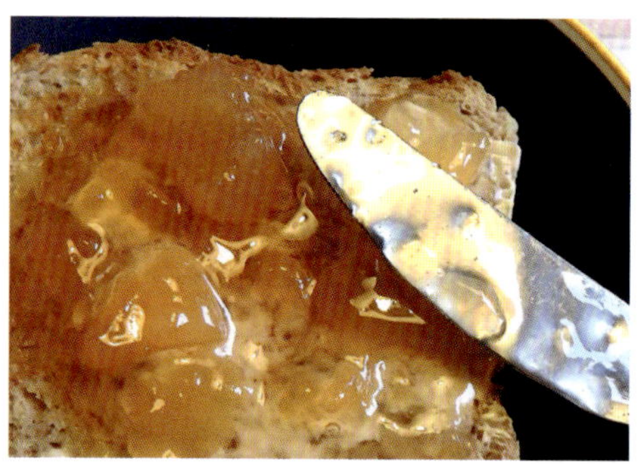

Quitten und Äpfel waschen, schälen, entkernen, in kleine Stücke schneiden und Abwiegen. Zuerst die Quittenstücke im Apfelsaft ca. 5 Min. vorkochen, dann die Apfelstücke dazufüllen und zusammen weitere 5 Min. köcheln lassen. Nach dem Abkühlen den Gelierzucker einfüllen, gut verrühren und 1 Std. ziehen

Leckere Quittenmarmelade auf Toast

lassen. Danach wieder zum Kochen bringen und bis zum Gelieren ca. 8 Min. köcheln. Nach der Gelierprobe heiß in Gläser füllen, fest verschließen und kopfüber zum Abkühlen aufstellen.

Quittengelee I

2,5 kg Quitten
1 l Wasser
2,5 kg Gelierzucker 1:1
1 l Weißwein

Quitten waschen, Stängel und Blütenreste entfernen, dann in Spalten schneiden. Wasser und Weißwein aufkochen, Quitten einfüllen und ca. 45 Min. köcheln. Danach alles durch ein Tuch pressen und den Saft auffangen. Gelierzucker und Saft in einem Topf mischen, aufkochen und bis zum Gelieren ca. 15 Min. köcheln lassen. Nach der Gelierprobe heiß in Gläser füllen, fest verschließen und kopfüber zum Abkühlen aufstellen.

Quittengelee II

1 kg Quitten
500 g Gelierzucker 2:1

Quitten gründlich abreiben, waschen, Blüten und Stiele entfernen; Früchte mit Schale und Kerngehäuse zerkleinern. Die Quittenstücke eben mit Wasser bedeckt im Topf mit Deckel weich kochen. Anschließend durch ein Sieb streichen oder durch ein Tuch abseihen. 1 l Saft abmessen und mit dem Gelierzucker im Topf vermengen, etwas ziehen lassen, danach kurz aufkochen und etwa 15 Min. köcheln. Nach der Gelierprobe sofort heiß in Gläser füllen, fest verschließen und kopfüber zum Abkühlen aufstellen.

Quittenkonfitüre

1 kg Quitten
100 g Rohrzucker

Quitten waschen, schälen, Kerngehäuse entfernen, klein schneiden. Die Stücke in wenig Wasser weich kochen, 500 g abwiegen. Schalen und Kerngehäuse ebenfalls in wenig Wasser weich kochen, abgießen und davon 500 ml Saft abmessen.
Die Quittenstücke mit dem Saft und dem Rohrzucker gut im Topf mischen, aufkochen und bis zur Gelierprobe köcheln lassen. Dann sofort heiß in Gläser füllen und kopfüber zum Abkühlen aufstellen.

Quitten-Meerretich-Aufstrich

700 g Quittenraspel
300 ml Wasser
500 g Gelierzucker 2:1
2 EL frisch geriebener Meerrettich
2 EL Zitronensaft

Quittenraspeln mit Wasser und Zitronensaft mischen, kurz aufkochen und weitere 20 Min. einköcheln lassen. Masse danach kurz pürieren. Gelierzucker und Meerrettich einfüllen, gut umrühren und nochmals aufkochen. Nach der Gelierprobe heiß in Gläser füllen, fest verschließen und kopfüber zum Abkühlen aufstellen.

Meerrettich, frisch geraspelt

Tipp: Passt gut zu Käse

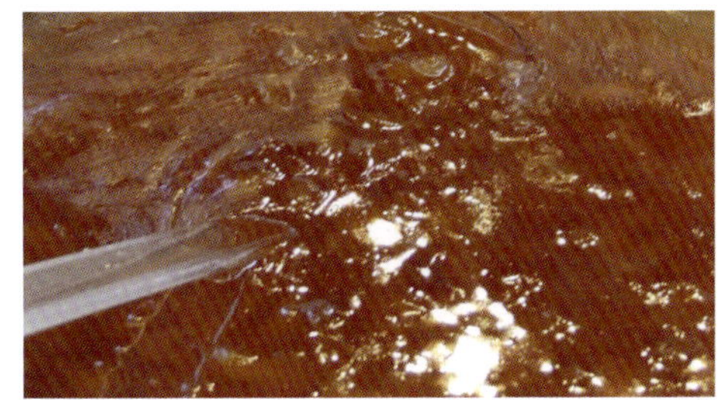

Quittenkonfitüre

Rezepte

Quittengelee mit Wein

750 ml Quittensaft
1 kg Gelierzucker 1:1
250 ml leichter Weißwein
Vanilleschote

Vanilleschote aufschlitzen und im Quittensaft mit dem Gelierzucker und Wein sprudelnd aufkochen lassen. Danach weitere 3 Min. köcheln, dann die Vanillestange herausnehmen. Nach der Gelierprobe Gelee heiß in Gläser füllen, fest verschließen und kopfüber zum Abkühlen aufstellen.

Quitten-Apfel-Gelee

500 ml Quittensaft
500 ml Apfelsaft
1 kg Gelierzucker 1:1
einige Pfefferminzblättchen

Quitten und Äpfel verarbeiten: Früchte waschen, Blüten, Stiele und schlechte Stellen herausschneiden, Rest in Stücke schneiden und heiß entsaften. Je 500 ml abmessen und beide Säfte mit dem Gelierzucker im Topf vermengen, kurz aufkochen und 15 Min. köcheln lassen. Pfefferminzblättchen waschen, trocknen, klein schneiden und ins Gelee streuen. Nach der Gelierprobe Gelee sofort in Gläser füllen, fest verschließen und kopfüber zum Abkühlen aufstellen.

Quitten-Apfel-Gelee auf Toastbrot

Quitten-Gsälz (Schwäbische Art)

7 Quitten
375 g Zucker
etwas frische Bio-Zitronenschale

Frische Quitten gut abreiben, waschen, ganz in Wasser weich kochen; ein wenig Kochwasser aufheben. Danach mit kaltem Wasser abschrecken und die Schale entfernen. Fruchtfleisch auf einem groben Reibeisen bis auf das Kerngehäuseabreiben. 500 g geriebene Fruchtmasse abwiegen, mit 375 g Zucker in einen Topf füllen. Etwas Kochwasser und die fein geschnittene Zitronenschale dazugeben, unter Rühren zu einer dickflüssigen Masse einkochen lassen. Heiß in Gläser füllen, fest verschließen.

Quittenaufstrich

2 Quitten
2 EL gehackte Walnüsse
2 EL Honig

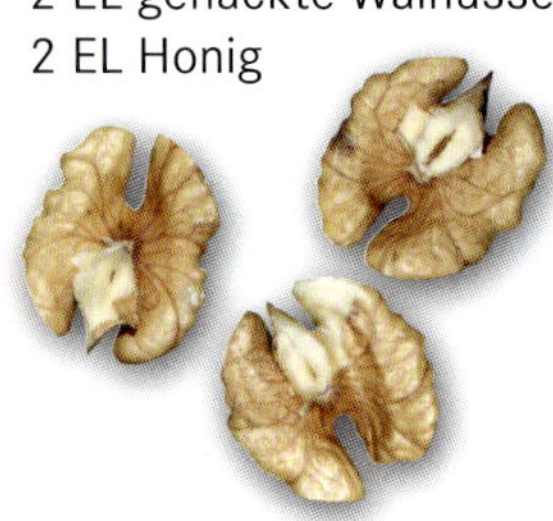

Quitten waschen, halbieren, entkernen und fein raspeln. Raspel in eine Schale füllen, den Honig und die gehackten Walnüsse gut einrühren. Mindestens 120 Min. marinieren lassen.

Tipp: Gesunder Brotaufstrich; Verfeinert Joghurt und Müsli.

Relish, Chutney und Eingelegtes

Quittenrelish

800 g Quitten
150 g Perlzwiebeln
125 g brauner Kandis
65 ml Apfelwein
65 ml Apfelessig
1 Knoblauchzehe
1 TL gelbe Senfkörner
1 rote Chilischote
1 Zitrone
½ TL Meersalz

Küchenfertige Quitten schälen, entkernen und in 1 cm große Würfel schneiden, sofort in Wasser mit etwas Zitronensaft legen, damit sie schön hell bleiben. Chili in feine Streifen schneiden, Kerne und weiße Häute entfernen. Knoblauchzehe abziehen und fein würfeln. Zitrone waschen, teilen und auspressen. Perlzwiebeln schälen. Quittenwürfel im Topf mit allen weiteren Zutaten bei geringer Hitze ca. 45 Min. garen. Das fertige Relish sofort heiß in sterile Gläser füllen und fest verschließen.

Tipp: Passt zu Kalbsfilet und hellem Fleisch.

Rezepte

Quittenchutney

700 g Quitten
310 g brauner Zucker
250 ml Weinessig
150 g Rosinen
125 g weißer Zucker
60 g Ingwer
1 Knoblauchzehe
1 Schalotte
½ Bio-Zitrone
½ TL Koriander
½ TL frisch gemahlener schwarzer Pfeffer
½ TL Salz
½ TL gemahlener Zimt
¼ TL gemahlene Nelken

Zierquittenblüte

Quitten waschen, vierteln, entkernen und klein würfeln. Knoblauchzehe, Schalotte und Zitrone schälen und klein schneiden. Alle Zutaten in einen großen Topf geben, bei mäßiger Hitze ca. 45 Min. köcheln lassen, dabei mehrmals gut umrühren. Deckel bleibt leicht geöffnet. Nach dem Abschmecken heiß in sterile Gläser füllen, gut verschließen und zum Abkühlen kopfüber aufstellen.

Quitten-Zwiebel-Chutney

400 g Quitten
100 g Gelierzucker 3:1
25 g Ingwer
2 rote Zwiebeln
2 EL Weißweinessig
2 EL Rapsöl
1 rote Chilischote
frisch gemahlener schwarzer Pfeffer
Salz

Quitten waschen, schälen, entkernen und klein würfeln. Chili waschen, halbieren, entkernen und fein würfeln. Ingwer schälen und fein reiben. Zwiebeln schälen und klein würfeln. Rapsöl erhitzen und Chili, Ingwer und

Zwiebeln darin ca. 2–3 Min. andünsten, mit dem Essig ablöschen. Dann den Gelierzucker und die Quittenwürfel hineinrühren und ca. 5 Min. sprudelnd kochen lassen. Zuletzt mit Pfeffer und Salz abschmecken, heiß in Gläser füllen, fest verschließen und zum Abkühlen aufstellen.

Quitten in Whiskey

500 g Quitten
1 l Whiskey
125 g Bienenhonig
125 g Zucker
4 Gewürznelken
3 cm Ingwer
1 Zimtstange

Quitten waschen, halbieren, entkernen und in 1 cm breite Streifen schneiden. 500 g in Lagen auf einen großen Teller füllen und gut mit Zucker bestreuen. Mit Klarsichtfolie abdecken und über Nacht kühl abstellen, damit sich der Zucker völlig auflösen kann. Danach alle Zutaten, außer Whiskey, in einen Topf füllen, kurz aufkochen und dann ca. 20 Min. bei milder Hitze (nicht mehr kochen) gar ziehen lassen. Ingwer, Nelken und Zimtstange herausnehmen, die Masse abkühlen lassen und in ein größeres Glas füllen. Nun den Whiskey überfüllen und das Glas fest verschließen. 4 Wochen an einem kühlen Ort ruhen lassen.

Frischer Ingwer

Tipp: 3–4 Monate haltbar; passt zu Wild.

Quittenkompott

500 g Quitten
500 ml Wasser
200 g Zucker
1 Stück Ingwer

Quittenkompott

Quitten küchenfertig zubereiten, schälen, vierteln, Kerngehäuse ausschneiden. Quittenstücke mit feuchtem Tuch abdecken. Kerngehäuse, Schalen und Ingwer im Wasser auskochen, Saft abseihen. In diesem Saft die Quittenstücke mit dem Zucker weich kochen.

Quittenmus mit Ingwer

2 Quitten
100 ml Weißwein
60 g Zucker
20 g geriebener Ingwer
1 EL Butter
1 Zitrone
½ Vanilleschote

Küchenfertige Quitte schälen, vierteln, entkernen und in kleine Würfel schneiden. Mit dem Zitronensaft mischen. Butter erhitzen und Zucker darin karamellisieren. Vanilleschote aufritzen und Mark auskratzen. Quittenwürfel, Ingwer, Vanillemark und Weißwein zum karamellisierten Zucker geben, kurz aufkochen und weiter köcheln lassen bis es breiig wird.

Tipp: Passt zu Enten- und Gänseleber.

Quittenmus mit Zimt

1 kg frische Quitten
300 ml Wasser
100 g Zucker
2 EL Zitronensaft
1 Päckchen Vanillezucker
1 Zimtrinde

Wasser, Zimt, Zitronensaft und Zucker in einen Topf geben. Küchenfertige Quitten einzeln schälen, vierteln, entkernen und in Würfel schneiden. Würfel sofort ins Wasser geben. Das Fruchtfleisch der Quitten bleibt dadurch schön hell. Topf abdecken, kurz aufkochen und bei mittlerer Temperatur weitere ca. 15–20 Min. köcheln lassen, bis die Quitten weich sind. Vanillezucker einrühren, Zimtrinde herausnehmen. Mit einem Stabmixer fein pürieren, sofort heiß in Gläser füllen und fest verschließen. Kopfüber zum Abkühlen abstellen.

Quittenmus auf Milchreis mit Zimt

Tipp: Passt zu Pfannkuchen, Kartoffelpuffer, Milchreis, Kürbispuffer etc.

Quittenmus à la Ev

2 kg hochreife Quitten
700 ml Wasser
200 g Zucker
2 Päckchen Vanillezucker
1 EL Ingwer gemahlen

Quitten waschen, vierteln, Kerngehäuse ausschneiden; mit Wasser und Zucker in einem großen Topf aufkochen und bei mittlerer Temperatur 20 Min. gar köcheln lassen. Dann alles durch die „Flotte Lotte“ pürieren, Vanillezucker und Ingwer hineinrühren. Heiß in Gläser füllen, fest verschließen und kopfüber zum Abkühlen aufstellen.

Butter, Essig und Senf

Quitten-Thymian-Butter

3 EL Quittengelee
100 g weiche Butter
2 Stängel Zitronenthymian
frisch gemahlener schwarzer Pfeffer
Salz

Frischen Thymian fein wiegen. Quittengelee und Thymian in die weiche Butter einmengen. Mit Pfeffer und Salz würzen, bis zum Servieren 30 Min. durchziehen lassen.

Quittenbutter

2 EL Quittengelee
125 g weiche Butter
1 TL Ingwer
1 TL Zitronensaft
etwas geriebene Zitronenschale

Alle Zutaten miteinander gut vermengen und bis zum Verbrauch kalt stellen.

Kanarische Quitten auf dem Markt (unten), Kochende Quittenstücke (rechts)

Quittensenf mit Likör

500 g Quitten
200 ml Wasser
150 g Gelierzucker 2:1
20 g gelbe Senfkörner
10 ml Quittenlikör
1 Nelke
2 Pimentkörner
1 schwarze Kardamomkapsel
1 TL Apfelessig
1 cm Zimtrinde

Quitten vierteln, entkernen und in Stücke schneiden. Quittenstücke mit dem Wasser im Topf mit Deckel gar kochen. Dann durch ein Tuch abtropfen lassen und 400 ml Saft abmessen. Über Nacht stehen lassen, so erhält der Saft eine schöne goldbraune Farbe. Den Saft mit den Gewürzen aufkochen und 15 Min. köcheln. Gewürze wieder herausnehmen. Währenddessen die Senfkörner mörsern und mit Apfelessig und Likör vermischen. Ca. 30 Min. ruhen lassen. Den gewürzten Quittensaft nun mit dem Gelierzucker (2:1) aufkochen und 3–4 Min. köcheln. Nach der Gelierprobe vom Herd nehmen und die Senfkörnermischung unterrühren. Senf heiß in Gläser füllen, fest verschließen und kopfüber zum Abkühlen abstellen.

Tipp: Passt zu Ziegenkäse und Fleisch.

Quittensenf mit Weißwein

Zutaten:
500 g Quitten
250 g Zucker
50 ml Weißwein
50 g Senfkörner
1/2 Zitrone (Saft)
1 kleines Stück Ingwer

Quitten in grobe Stücke teilen, Kerngehäuse entfernen. Die Stücke ca. 25–30 Min. in wenig Wasser weich kochen, Kochwasser abgießen, Stücke pürieren. Ingwer putzen und in feine Scheibchen schneiden, mit dem Zucker ins Quittenmus geben und weitere 10 Min. bei mittlerer Hitze köcheln lassen. Öfter umrühren! Dann Weißwein und Zitronensaft zugeben und

Rezepte

nochmals ca. 10 Min. einköcheln. Inzwischen Senfkörner ganz fein im Mörser zerstoßen und zuletzt kräftig ins Quittenmus einrühren. Quittensenf heiß in Gläser füllen, fest verschließen, zum Abkühlen kopfüber aufstellen.
Tipp: Schmeckt zu Käse und auch zu Schinken.

Quittenessig

2 Quitten
1 l Apfelessig
5 Nelken
1 Stückchen Ingwer
1 Sternanis

Küchenfertige Quitten schälen, samt Kerngehäuse in kleine Stücke schneiden und in ein großes Einweckglas füllen. Nelken und Sternanis im Mörser zerstoßen und in einer Pfanne ohne Fett leicht anrösten. Mit etwas Apfelessig ablöschen, wenn die Gewürze anfangen ihren Duft zu verströmen. Pfanne vom Herd nehmen und erkalten lassen; Mischung dann mit dem Ingwer ins Einweckglas füllen, den übrigen Apfelessig auffüllen und das Glas fest verschließen. Mindestens 14 Tage lang stehen lassen, dann abseihen und in kleine Flaschen umfüllen.
Tipp: Passt zu Obstsalat.

Apfel-Quitte-Essig – aus heimischen Quitte- und Apfelsorten durch natürliche Essiggärung hergestellt. Ungefiltert und nicht pasteurisiert.

Saft, Drink und Likör

Einen bernsteinfarbigen Saft erhält man, wenn er über Nacht stehen bleibt. Dazu die gekochten Früchte in ein Sieb gießen und den Saft abseihen. Für klaren Saft das Sieb mit einem feuchten Geschirrtuch auslegen.

Elektrische Saftproduktion läuft ...

Quittensaft aus Multi-Entsafter

1 kg hochreife Quitten

Küchenfertige Quitten gründlich entkernen, grob würfeln. Stücke im Multi-Entsafter lt. Gebrauchsanweisung entsaften. 1 kg hochreife Quitten ergeben 500 ml reinen Saft.

Quittensaft vom Dampfentsafter

Hochreife Quitten, Zucker, Wasser

Küchenfertige Quitten vierteln und zuckern; nach Gebrauchsanweisung im Dampfentsafter entsaften. Den frischen Saft heiß in Flaschen abfüllen und verschließen.

Quittensaft mit Zitrone

2 kg Quitten
3 l Wasser
1 kg Äpfel
750 g Zucker
1 Zitrone

Quitten abwiegen und im Multi-Entsafter frisch auspressen

Zitrone auspressen. Quitten und Äpfel vierteln, entkernen in kleine Würfel schneiden und mit dem Zitronensaft im Wasser ca. 120 Min. bei kleiner Hitze kochen lassen. Fruchtwürfel sollen fast zerfallen. Ein Sieb mit feinem Mulltuch auslegen und die Masse dadurch abtropfen lassen. Diesen gewonnenen Saft mit dem Zucker aufkochen, bis er sich vollständig aufgelöst hat. Dann heiß in Flaschen abfüllen und fest verschließen.

Quittensirup

1 kg Quitten
1 l Wasser
1 kg Zucker
75 ml Zitronensaft

Gewaschene Quitten nur vierteln und in 5 mm breite Scheiben schneiden. Quitten, Wasser und Zucker langsam aufkochen und ca. 45 Min. köcheln. Zitronensaft zugeben, umrühren und 5 Min. sprudelnd kochen lassen. Masse durch ein feines Sieb abgießen. Den Sirup, bei Bedarf nochmals richtig heiß machen, in Flaschen füllen und fest verschließen.

Quittenlikör I

500 g Quitten
700 ml Weinbrand
300 g Zucker
1 Vanilleschote
1 Päckchen Zitronenschale
6 Tropfen Rumaroma
1 cm Ingwer

Küchenfertige Quitte achteln, entkernen und kleine Stücke schneiden. Ingwer schälen. Quittenstücke in eine große Flasche/Glas füllen. Vanilleschote längs aufritzen, Mark herauskratzen. Schote und Mark, Ingwer, Rumaroma und Zitronenschale zu den Quitten geben und den Weinbrand darüber gießen. Die Früchte müssen bedeckt sein, sonst noch Weinbrand dazugeben. Gefäß verschließen und etwa 14 Tage ziehen lassen. Erst dann den Zucker einstreuen, gut schütteln und weitere 7 Tage ziehen lassen. Den Likör durch ein Sieb abgießen und umfüllen.

Quittentrester, nach dem Entsaften

Quittenlikör II

200 g Quitten
500 ml Korn
170 g brauner Kandiszucker

Quitten vierteln, entkernen, in kleine Stücke schneiden und in ein geeignetes Gefäß füllen. Kandiszucker dazugeben und Korn auffüllen. Mindestens 5 Wochen dunkel abstellen, öfter durchschütteln. Danach durch ein Sieb abgießen und den Likör in eine Flasche füllen.

Quittenprodukte

Almenland Edelbrand Birnenquitte und Quittenlikör

Einige der oben beschriebenen Rezepte kann man nicht nur zuhause selbst machen, sondern auch als industrielles Produkt kaufen, wie z. B. Quittensaft, Quittengelee usw. Zu den zahlreichen Quittenprodukten, die im Handel angeboten werden, gehört auch der Quittenwein. Er wird nach alter Rezeptur hergestellt und schmeckt sehr fruchtig. Und zum Abschluss – ein Quittenbrand, z. B. aus der Almenland Edelbrennerei Graf in St. Kathrein am Offenegg (Österreich). Ein köstlicher Brand, den wir bei unseren Exkursionen selbst probieren durften und ihn deshalb gern weiterempfehlen.

Dank

Wir bedanken uns bei allen, die uns auch bei diesem Buch freundlich unterstützt haben.

Ein herzliches Dankeschön an: Dr. sc. agr. Friedrich Höhne, Satow; Dr. Rolf Hornig, LMS Agrarberatung GmbH, Schwerin; Edith Beckmann, Plate; Gerd Niemann, Plate; Erwin Just, Lewitzland Fruchthandel, Schwerin; Halal Bazar, Obst und Gemüse, Schwerin; Frau Bärbel Kirschke, ayurveda praxis, Gneven.

Dem Demmler Verlag danken wir für die hilfreiche und freundliche Unterstützung von der Idee bis zum fertigen Buch.

Zu den Autoren

Evemarie Löser

1949 in Ulrichshalben, unweit von Weimar geboren. Nach dem Schulbesuch Berufsausbildung, dann Meister für Lederverarbeitung. 1973 Umzug nach Schwerin/Meckl.

Von 1980 bis zum Ruhestand 2011 im Sozialwesen tätig. Neben Familie (zwei erwachsene Kinder) und Beruf immer Freude im Umgang mit Menschen, am Kleingarten und an der Verarbeitung der Ernte. Liebt die Kommunikation in Wort und Schrift und kreatives Gestalten.

Dr. Frank Löser

1944 in Lößnitz bei Freiberg/Sachsen geboren. Nach Schulbesuch Ausbildung zum Gärtner und Besuch der Fachschule für Pflanzenschutz in Halle/Saale 1963–1966. Viele Jahre Mitarbeiter im Pflanzenschutzamt Karl-Marx-Stadt. 1969–1974 Fernstudium zum Dipl.-Agr.-Ing. und anschließend außerplanmäßige Dissertation. Der Autor lebt seit 1984 in Mecklenburg und hat zwei erwachsene Kinder. Ab 1990 bis zum Ruhestand 2010 selbständig im Bereich der Werbeakquise tätig. Seine besonderen Hobbys sind das Entdecken und Erkunden der Natur, der Pflanzen- und Tierwelt.

Im Demmler Verlag sind von ihm bisher die Sagenbände „Thüringer Wald", „Weimarer Land", „Die Ostseeküste. Von Wismar bis Warnemünde" erschienen. Gemeinsam veröffentlichten sie, ebenfalls im Demmler Verlag, „Wildfrüchte", „Kartoffeln", „Wildblüten- und Kräutergelees", „Kürbis", „Aronia", „Rote Bete", „Der Sanddorn" und „Quitte".